JN256498

入門
生産マネジメント

その理論と実際

平野健次 著

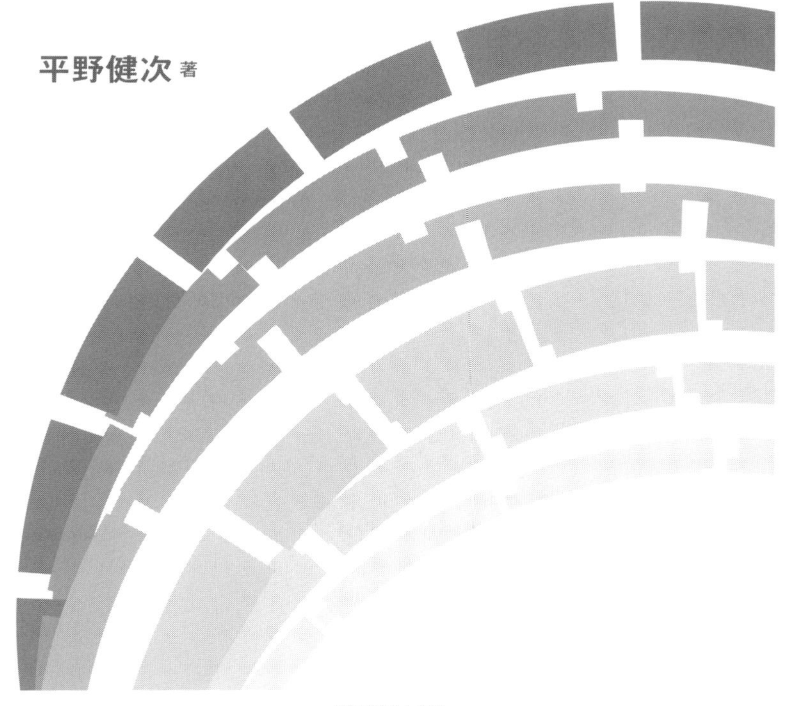

日科技連

はじめに

グローバルな企業間競争の激化や海外への生産拠点のシフトなどを背景に，日本の製造業を取り巻く経営環境はますます厳しさを増しています．このような時代の変化や市場ニーズへの柔軟かつ的確な対応が求められる中，企業が組織としての機動性・戦略性を高めていくためには，全社の方針や行動を経営層のみが判断するのではなく，経営と現場の双方から業務を革新していける体制を構築することが重要とされています．

このような背景を考慮し，筆者が長年の研究と実践を経て，これからの製造企業に必要となる人材の要件を検証し，その結果，ものづくり力を基盤として，生産マネジメント力と，生産現場や工場を変革し，それを推進できる能力を兼ね備えた人材の育成が重要であると結論に至りました．

本書は，ものづくりを計画，運営していくために必要な基礎的な能力を養うことを念頭におきながら，生産現場を基点に企業全体を見渡せるようにするために必要な生産マネジメントの要素を網羅しています．現代の経済社会では，企業全体を考慮におきながら，個々の管理技術を有機的に連携させ，柔軟に使いこなす能力が求められていることにほかなりません．

そのために，まず生産マネジメントの基盤となる企業経営の基礎について概要を説明し，次に製品ライフサイクル全般について説明することにしました．また，生産現場の改善とマネジメントでは，製造企業の基本的で最小単位となる現場の仕事について，さらに工場マネジメントと製造ビジネスでは，グローバルを念頭に置いた工場全体のマネジメントについて説明し，工場を計画し，運営していくために必要な事項を列挙しました．最後に，変革推進力を高めるために，問題発見・解決方法，プロジェクトマネジメントなどのほか，流通システムについても説明しました．

本書は大学の生産マネジメント科目の講義用テキストですが，製造ビジネスを計画し，運営しようとする方々に，きっと役に立つと信じています．本書籍の出版にあたり，日科技連出版社の木村修氏に深く感謝申し上げます．

平成29年12月7日

平野　健次

入門 生産マネジメント
その理論と実際

目　次

第5章 製造ビジネスを構築・運用する際に役立つ方法

装丁・本文デザイン＝さおとめの事務所

第１章
生産マネジメントを支える経営理論

1.1　製造ビジネスの循環構造

企業は，事業を運営するための資金を企業の外部，あるいは内部から調達し，技術や能力として企業内部に蓄積し，それを製品・サービスに変換する．次に，開発した製品・サービスを顧客に販売し，収益を得る．さらに，獲得された資金は，次の製品やサービスを創造するために投資される．このサイクルは繰り返され，ビジネスは継続的に発展していく．

企業は，外部環境とのかかわりあいで存在し，外部環境は，社会，市場，競合他社に分類される．社会はビジネス活動を行う国や地域であり，民族，文化・習慣，政治などにより形成された社会インフラである．市場は製品・サービスを売買する場所であり，競合他社との競争のもとで，ビジネス活動が行われる．一方，内部環境とは，組織・人材，製品・技術，資金，設備などであり，企業がコントロールできる自社の環境である．企業は，これらを考慮しながら，経営目標と戦略を立案して意思決定を行い，組織を形成して，目標を達成させるためのビジネス活動を行う．

企業の目的は，投資に対する効果を最大にすることであり，ものづくりに関する一連のビジネス活動が，好循環を生み出すようにマネジメントを行うことである．しかしながら，マーケティングに取り組んで製品を創造し，これらを市場に投入しても，ねらいどおりに製品が売れるとは限らない．なぜなら，顧客ニーズの変化，競合他社との競争，世界経済の変動などのさまざまな要因によって，計画どおりに事業が推進できないからである．

図表1.1の製造ビジネスの循環構造において，好循環を阻む要因は不確実性であり，為替の急激な変動，景気の変化，規制及び規制緩和，突然出現する強力な競合他社，予期せぬ不祥事，感染症の拡大，天変地異などがある．不確実性に対処する方法として，通常の状態，楽観的な状態，悲観的な状態の３つの状況を想定し，リスクへの対応の方法を決めておく必要がある．製造ビジネ

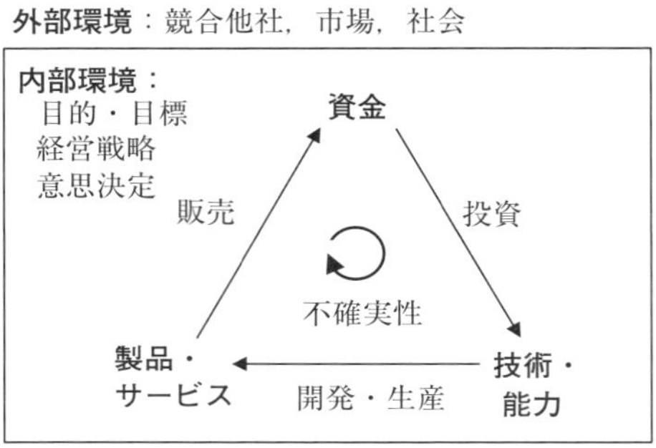

外部環境：競合他社，市場，社会

内部環境：
目的・目標
経営戦略
意思決定

資金
投資
技術・能力
開発・生産
製品・サービス
販売
不確実性

図表 1.1　製造ビジネスの循環構造

スは，工場や設備などの大掛かりな投資と中長期にわたる技術・技能の醸成など，急激な環境変化に対応しにくい構造を有している．このように急激な環境変化に対して，柔軟に対応できる仕組みを構築することが，現代における製造ビジネスの重要な論点になっている．

1.2　経営の目的と目標

1.2.1　企業経営とは

経営とは企業を組織化し，管理することであり，企業活動に関するさまざまな意思決定を行うことである．開発や生産，企画，財務などの必要最小限の人材を集めて起業し，企業を組織化して事業を進め，やがて事業の成功による規模の拡大によって多数の人材を採用するようになると，本格的な組織の管理が必要になる．もう１つは，企業活動に関するさまざまな意思決定を行うことである．意思決定とは企業の方針を決め，その方針をもとに日々の意思決定を行うことである．企業の規模が拡大し，経営層の人数が増えると，意思決定のあり方もより合理的な進め方が求められるようになる．

1.2.2　企業の目的と目標

企業の目的は，製品やサービスを継続的に提供し，利益を得ることである．企業は，利益を獲得できなければ市場で存在できない．どんなに優秀な人材を抱え，高い品質の製品を生み出したとしても，それらを市場で活かすことができなければ，ものづくりができているとはいえない．企業は，顧客に受け入れられる製品やサービスを継続的に提供していくことで持続的な発展が期待できる．そのためには，法規制や市場ルールを遵守しなければならない．リコール隠しや製品検査データの改ざんなどの違反行為があれば，顧客は製品を購入し続けることはなく，企業の価値は喪失してしまう．

経営目標とは，顧客に価値を提供し，自社が成長し利益を得るために，経営者によって選択される目標である．株主優先・収益性重視，シェア拡大，コスト削減，価格競争力などが目標として設定される．

1.3 経営戦略

1.3.1 経営戦略とは

チャンドラーによれば，戦略とは企業の長期目的の決定，その目的を遂行するための行動様式，諸資源の割当と定義している．長期にわたる戦略のもとで，組織を調整することが必要であるとした．そして，戦略プロセスを量的な拡大，地理的な広がり，垂直統合，製品多角化の段階に分類した．戦略プロセスの展開によって組織構造(Organizational Structure)が変わることから，1962年の著書で「組織は戦略に従う」という考え方を提唱した．

このように企業は，長期目的を達成するために，意思決定の指針となる戦略を立案する．また戦略には，複数の類型がある．

1.3.2 経営戦略の類型

(1) 技術と市場のマトリックス

アンゾフ[1]は，チャンドラーの研究を基礎に経営戦略を図表1.2に示す4つの戦略に分類した．また「戦略は組織に従う」とし，環境は変化し，しかも不安定であることを前提に，限られた経営資源を有効活用するために組織全体を動かし，不測の事象に対応することが重要であるとした．

図表1.2 技術と市場のマトリックス

		製品	
		既存	新規
市場	既存	市場浸透	製品開発
	新規	市場開発	多角化

(2)　SWOT 分析

S 強み	W 弱み
O 機会	T 脅威

図表 1.3　SWOT 分析

経営事業環境を外部環境と内部環境に区分し，図表1.3に示すように，強み(Strengths)，弱み(Weaknesses)，機会(Opportunities)，脅威(Threats)の4つに区分する．自社の内部環境から強みと弱みを明らかにし，これを顧客・協力者の立場などから客観的に評価し，外部環境から機会と脅威を結びつける．

このようにすると，自社の強みを発揮できる事業機会の発見につながり，自社の弱みを修正し脅威を和らげ，回避できるチャンスを得ることができる．SWOT 分析は，SRI のハンフリーによる研究から始まり，アンドリュース[2]によって発展したとされている．

(3)　創発戦略

ミンツバーグ[3]によれば，完全に実行されることを意図した戦略を計画的戦略と呼び，戦略を立案しても修正はつきものであるから，相互に議論を重ねながら創発的に戦略を立案することが重要であるとしている．

創発戦略[4]では，最初から意図したものではなく，その場で創発的に行動して学習し，これを繰り返す過程で戦略の一貫性が見えてくる．

完全な計画を立案してから実行する場合には，計画を作る期間が長いと機会損失がおき，完全な計画ができたときには，現状からのズレが発生している．また計画の過程で，市場との対話ができず，計画の有効性を確かめられない場合もある．創発とは「行き当たりばったり」を意味しているのではなく，創発的な戦略を計画的にコントロールすることが重要である．

(4)　コア・コンピタンス

ゲイリー・ハメルとプラハラドによれば，自社で重要となる技術・能力は何かを特定し，それを大事にして発展させることが重要であるとした[5]．すなわち，競合他社より圧倒的に高い能力，真似できない核となる能力を身につけることが必要である．

(5)　ポジショニング

マイケル・ポーター[6]は，戦略をコスト・リーダーシップ戦略，差別化戦略，集中戦略に分類した[7].

コスト・リーダーシップ戦略とは，開発，生産，流通，販売といったバリューチェーンのあらゆる要素において低コスト化を図り，製品やサービスの低価格を実現していく戦略である.

差別化戦略とは，顧客からみた製品の価値を他社の競合する商品と異なるようにし，高めていく戦略である.

集中戦略(コスト集中，差別化集中)とは，市場を細分化した狭い市場で競争する戦略である．例えばユーザーの性別，年齢，所得，ライフサイクルにより市場を細分化し，多くの企業が見過ごしている目立たない市場やニッチ市場で優位に立つ戦略である.

(6)　プロダクト・ポートフォリオ・マネジメント

PPM(Product Portfolio Management)とは，ボストンコンサルティンググループが開発した経営戦略のためのフレームワークである．自社の製品や事業を，市場の成長率と市場におけるマーケットシェアの2つの軸から導出される4つの象限に対して，花形，金のなる木，問題児，負け犬の4つのポジションに分類し，それぞれの事業に見合う経営資源の配分を目安として表すものである(図表1.4).

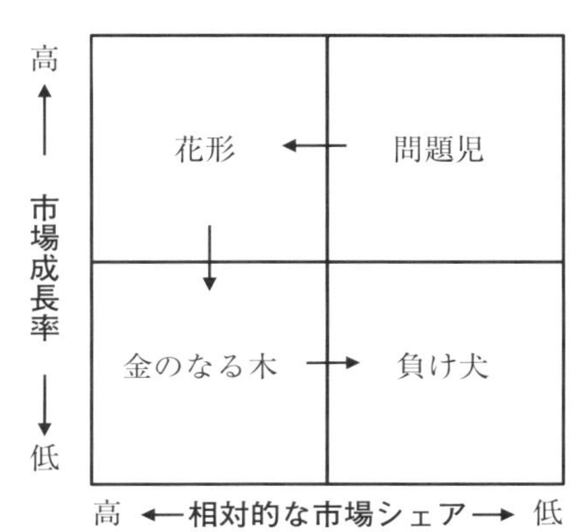

花形：投資を継続し，金のなる木をめざす.
金のなる木：売上が大きく，設備投資が少ない．利益を他事業に分配する.
問題児：市場シェアを高めて花形をめざす.
負け犬：撤退を早急に検討する.

図表1.4　PPM

1.3.3　ドメインの定義

ドメインとは，企業の事業分野・生存の領域を設定することである．例えば鉄道会社がドメインを定義するとき，鉄道を通じた輸送の提供をドメインにする場合と，輸送事業というドメインを定義し，鉄道を輸送手段とする場合では，事業展開が大きく変わってくる．歯磨き粉という製品は，健康な歯を保つための1つの手段である．化粧品を扱うビジネスは，単に商品を売るというのではなく，美しさを売るビジネスであり，希望を提供するビジネスでもある．

1.4　意思決定

1.4.1　意思決定とは

企業は，自社の事業を推進していく過程で，日々意思決定を行う．そして，ある一定期間内に収集された情報の範囲で代替案を立案し，満足できるレベルで意思決定する．意思決定の手順は，次のとおりである．①目的や検討すべき課題(Issue)を認識し，②それらを議論(Argument)し，③目的を実現するために有効な代替案(Alternative)を立案する．④リスクや基準をもとに代替案を評価し，最も適切な代替案を選択(Decision)する．組織関係者間で意見の相違が発生すれば，意思決定ができない状態に陥ったり，組織内で対立が発生したりする．

代替案には，A案とB案の両方を同時に選択できる独立案，A案を選択するとB案が選択できなくなる背反案がある．そして，問題を解決する立場にある技術系の関係者が複数の代替案を立案し，経営層などの意思決定者が適切な代替案を選択する．技術者は有力案とともに，できるだけ多くの可能性を考慮した代替案を示すことが重要である．また，経営層は技術者が立案した代替案が適切で十分であるかを見きわめてから代替案を選択する．

1.4.2　不確実な状況のもとでの意思決定

意思決定は，確実な状況のもとでの意思決定と，不確実な状況のもとでの意思決定がある[8]．不確実な状況のもとでは，楽観的な状態と悲観的な状態を考慮し，それぞれの状態下での獲得利益を検討する．すなわち，楽観的な状態から悲観的な状態までを幅で考慮することが重要である．図表1.5にペイオフマトリックスを示す．マクシミン基準，すなわち悲観的な状態下で期待利得が

図表 1.5 ペイオフマトリックス

	代替案 1	代替案 2	代替案 3
楽観	200	250	300
通常	100	120	140
悲観	70	60	10

図表 1.6 リグレットマトリックス

	代替案 1	代替案 2	代替案 3
楽観	100	50	0
通常	40	20	0
悲観	0	10	60

最大になるのは代替案 1 の 70 であり，マクシマックス基準，すなわち楽観的な状態で期待利得が最大になるのは，代替案 3 の 300 である．図表 1.6 のミニマクスリグレット基準では，例えば，楽観的な状態で代替案 3 が選択されていれば後悔は 0 となる．それに対して代替案 2 を選択すると 300 − 250 ＝ 50 の後悔となり，代替案 1 の場合は，300 − 200 ＝ 100 の後悔をすることになる．このように計算すると，代替案 1 は 100 の後悔，代替案 2 は 50 の後悔，代替案 3 は 60 の後悔となるから，最も後悔の少ない案は，代替案 2 になる．

例として，代替案 3 は通常設備であるのに対して，代替案 1 と 2 は省エネ設備であるとする．楽観的な状態とは原油安で燃料費が安い状態，悲観的な状態とは原油高で燃料費が高い状態である．楽観的な状態では，通常整備の場合は利益が最大になるのに対して，悲観的な状態になると利益が見込まれなくなってしまう．楽観的な状態では，省エネ設備の場合は通常設備より利益が少ないが，悲観的な状態では，通常設備よりも多くの利益が確保できる．

1.4.3 AHP（Analytic Hierarchy Process）

AHP は，階層分析法と呼ばれ，意思決定の問題を階層的に分析する方法である．問題の要素を最終目標，評価基準，代替案の 3 つの階層で捉える（図表 1.7）．AHP の手順は，まず階層を構築し，次に一対比較を行う．評価基準や代替案をすべての組合せで比較する．

ウェイトの計算では，一対比較の結果をもとに代替案の重要度を考慮する．最後に，各代替案の総合評価値を計算し，計算結果をもとにより良い案を選び出す．AHP は，AHP の階層構造をネットワーク構造に対応させた ANP（Analytic Network Process）に拡張されている．AHP では評価基準で代替案を評価するが，ANP では，評価基準や代替案を区別せず，相互評価を用いている．

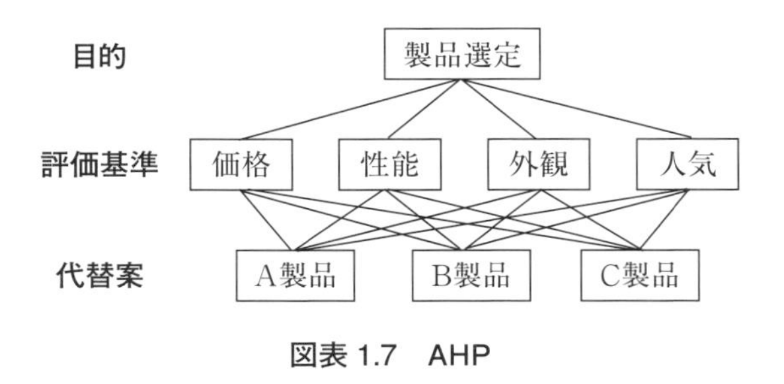

図表 1.7　AHP

1.5　経営組織

1.5.1　組織の諸形態

組織形態は，基本的に職能別組織，事業部制組織，マトリックス組織と，一時的に編成されるプロジェクト組織(5.3 節を参照)に分類される．

職能別組織は，開発，製造，販売など職能別にまとめられた組織単位で構成される(図表 1.8)．職能の長は，自分が担当する職能領域の責任を負う．

事業部制組織(図表 1.9)は，製品や顧客別などの事業単位で運営する組織である．事業部ごとに独立採算制をとることにより，事業評価が明確に実施できる．財務，人事，総務，法務部門などは，事業部ごとに組織化するのではなく，全社的な組織管理や戦略立案をするという観点で，企業に共通する組織として運営する．ただし企業の将来にかかわる研究開発などで事業部に依存しない場合は，社長直属の共通部門とする場合がある．

マトリックス組織は，職能別と事業別などの組織編成基準を同時に適用する組織である(図表 1.10)．この組織のメンバーは，職能単位の上司と，事業単位の上司を同時に持つことになる．プロジェクト組織は，特定の課題を遂行するために編成される組織である．

組織の階層として，トップマネジメント，ミドルマネジメント，ロアマネジメントがある．トップマネジメントは全社的な方針や計画をミドルに展開し，ミドルはトップの方針をロアマネジメントに展開するとともに，現場情報の収集を行う．ロアマネジメントは，現場の業務遂行を直接管理する．

ライン・スタッフ組織とは，企業目的の遂行に当たり，直接利益に貢献する職務を担うラインと，ラインを支援する職務を担うスタッフからなる組織である．スタッフには，ゼネラルスタッフと生産管理や品質管理などを担う専門ス

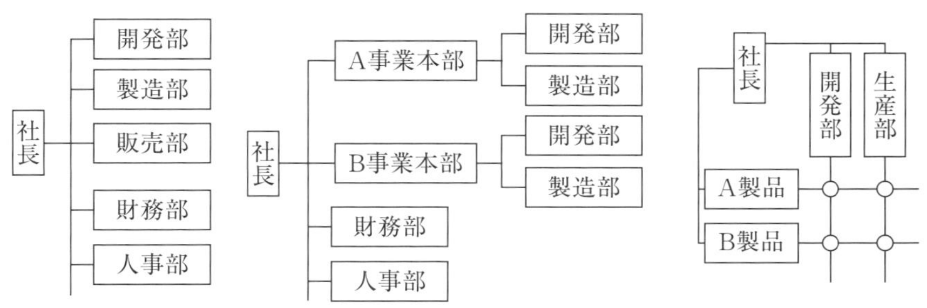

図表 1.8　職能別組織　　図表 1.9　事業部制組織　　図表 1.10　マトリックス組織

タッフがある.

1.5.2　組織と意思決定

集団的意思決定では，合議制や稟議制度が中核となり，仕事の進め方についても，部や課単位での責任分担が一般的である．それに対して，個人的意思決定では，責任分担が個人まで細分化され，職位(Position)に基づく職務記述書(Job Description)が用いられる．そのため，職務(Job)，権限(Authority)，責任(Responsibility)などの考え方が両者では異なってくる．年功序列賃金，集団的意思決定などの日本型の経営スタイルは，外国人株主比率が上昇してくると，少しずつ変化する傾向にある.

1.6　戦略の実行と業績評価

1.6.1　バランストスコアカード

バランストスコアカード(BSC)[9] とは，企業のビジョンや戦略を具体化し，これを実行して管理するためのコンセプトと仕組みであり，財務の視点，顧客の視点，内部プロセスの視点，学習と成長の視点からなるバランスのとれたスコアカードである．スコアカードとは，もともと業績が評価される成績表であり，「バランスのとれた＝バランスト」とは，短期目標と長期目標のバランス，財務的業績評価指標と非財務的業績評価指標のバランス，過去と将来の業績評価指標のバランス，あるいは外部的視点と内部的視点のバランスがとれた状態を意味しており，戦略的な業績管理の枠組みを提供している．非財務的業績評価指標とは，顧客に対する納期，品質，製造工程のサイクルタイムなどであり，顧客の視点，社内ビジネスプロセスの視点，学習と成長の視点に含まれる．

BSCは，1992年にKaplanとNortonによって，当初業績評価システムの構築の目的で提案され，その後，米国企業は，これを戦略の具体化や，戦略実行のために活用するようになった．最も特徴的な点は，ビジョンと戦略及び，4つの視点である．ビジョンと戦略を4つの視点にバランスを考慮しながらブレークダウンし，4つの視点別に，戦略目標と方策という小さな戦略を設定することにより，ビジョンや戦略の実現をめざす点にある．バランストスコアカードのもう1つの特徴は，因果関係である．

4つの視点は，因果関係により結ばれる．例えば，営業利益率(財務の視点)を高めるためには，顧客の満足度(顧客の視点)を高める必要があり，そのためには，納期短縮(顧客の視点)が必要である．納期短縮をするためには，受注から出荷に至るプロセスのサイクルタイム(内部プロセスの視点)の短縮が必要であり，そのためには従業員の能力向上(学習と成長の視点)が必要である．このようにBSCの各業績評価指標は，ビジネスユニットの戦略の意味を伝達する因果関係の要素となっている．BSCは，組織の戦略志向への変化に貢献する．組織の無形資産を戦略・組織目標に導き[10]，戦略目標を因果関係で結び付けられた戦略マップ[11]で表現し，これに基づく戦略実行により企業価値を創出するというものである．図表1.11に4つの視点の関係を示す．

① **財務の視点**：財務的業績評価指標は，実施されたビジネス活動の経済的効果の要約と，企業戦略の立案と執行が現場の改善に貢献しているかどうかを表す測定尺度の役割を果たす．すなわち財務的な目標には，営業利益率，売上高成長率，キャッシュフローの増加などが関係する．そして財務的な目標は，顧客の視点，内部プロセスの視点，学習と成長の視点における目標や業績評価指標の中心的役割を果たすものである．財務的な目標は，ビジネスユニットの戦略にリンクされる．すなわち，戦略に基づき期待する財務的業

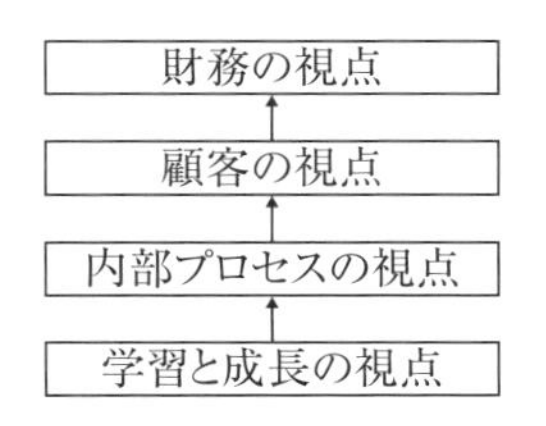

図表1.11　4つの視点の関係

績評価指標を明らかにすること，顧客の視点，内部プロセスの視点，学習と成長の視点の目標と業績評価指標が，財務の視点に結びつけられることである．

② **顧客の視点**：自社の顧客と市場セグメントを明確にする．顧客の視点では，顧客満足度，顧客のロイヤリティ，新規顧客獲得率などの業績評価指標が使われる．

③ **内部プロセスの視点**：顧客や株主の目的を達成するのに最も重要なプロセスを明確にし，内部プロセスの視点において目標と業績評価指標を作成する．これにより，内部プロセスが顧客や株主のために設定した目的を引き継ぐことができる．バランストスコアカードでは，イノベーションプロセスからはじまり，オペレーションプロセス，アフターサービスに至る一連のビジネスプロセスを明確化することを進めている．業績評価指標では，品質，歩留り，スループット，サイクルタイム，スピードなどが使われる．

④ **学習と成長の視点**：従業員，システム，企業の能力を一貫して引き上げるのは長期的投資であり，短期目標に結びついている財務的業績評価指標だけで業績を評価すると，従業員やプロセスの能力を高める投資を維持することが困難になる．学習と成長の視点は，主に長期目標に結びつく指標であり，業績評価指標には，従業員満足度，従業員の生産性，従業員の定着率などが使われる．

1.6.2　目標管理（Management by Objective：MBO）

目標管理とは，組織の目標をもとに上司などの面談を通じて自らの目標（業績目標，行動遂行目標，能力目標など）を設定し，自己管理することによって，目標の達成を実現させることを目的とした取組みである．1950年代に米国のピーター・ドラッカーが提唱したと言われている．目標達成の方策や進捗を自ら管理することによって，主体性の発揮を促す取組みであり，ボトムアップの活動である．

1.6.3　経営品質

経営品質とは，経営の質のことであり，経営品質の向上とは，組織を継続的に変化させ，卓越した経営をめざすことである．経営品質の向上には，どの組織に対しても共通に利用できる枠組みを用いて経営全体を評価することが必要であり，それをフレームワークという．

日本経営品質賞は，卓越した経営の仕組みを有する企業を表彰するものである．経営品質のアセスメントの基準は，「組織プロフィール」と「8つのカテゴリ」，すなわち，(1)リーダーシップと社会的責任，(2)戦略の策定と展開のプロセス，(3)情報マネジメント，(4)組織と個人の能力向上，(5)顧客・市場理解のプロセス，(6)価値創造プロセス，(7)活動結果，(8)振り返りと学習のプロセスから構成されている．そして現状の組織の習熟度を卓越した経営の達成度合いを示すものとして，改善の取組みが見られないというＤレベルから，革新の軌道にあり最高の成果を生み続けているというAAAまでの，６つの段階で判定するという考え方である．

1.7　マーケティング

1.7.1　マズローの欲求５段階説

消費者行動を考えるうえで，考慮すべき点として，マズローの欲求５段階説がある．第一段階として生きていくための基本的な欲求を「生理的欲求」，第二段階として安定や安全に対する欲求を「安全の欲求」とし，第三段階として集団への所属や愛情を求める欲求を「社会的欲求」とする．さらに，第四段階として他者から認められ，尊敬されたいという欲求を「承認欲求」とし，第五段階としてあるべき自分になりたいという欲求を「自己実現の欲求」と呼ぶ．昨今のマーケティングでは，自己実現の欲求を訴求するようになってきている．

1.7.2　マーケティングコンセプト

マーケティングコンセプトとは，市場にどのように働きかけるのかという考え方であり，生産指向から販売指向に変化してきた．現在では，プロダクトアウトの考え方ではなく，顧客ニーズを満たす財やサービスを提供するというマーケットインの立場で，市場への適応や市場の創造をめざす活動であり，お客を中心に企業活動を考えていく理念をいう．

マーケティングコンセプトを実現するための活動として，製品(Product)，価格(Price)，販売促進(Promotion)，場所(Place)がある．市場への適用に際して，これらの諸活動を適切に組み合わせることをマーケティングミックスという[12] [13]．

(1) 製品(Product)

製品は顧客の問題解決を支援するための収益の束である．そのため顧客ニーズを満たす機能，外観，ブランド，それに包装や物流サービスまでに及ぶ．さらに，自社の売上と利益を確保するために，製品の組合せである製品ミックスを整える．製品ミックスには製品ラインである幅と，深さがある．車を取り上げてみると，トラック，バス，自家用車などの幅と，自家用車であればさらに，セダン，ミニバン，コンパクトカーなどのサブラインに細分化される．コンパクトカーであれば，この分野の商品を何種類扱うのかが深さになる．特定の分野の製品ラインを扱い，深さを充実させるか，あるいはフルラインナップの製品開発をめざすなどの選択肢があげられる．

また製品は，開発期を経て，導入期，成長期，成熟期，衰退期の4つの段階を順にたどる．これを製品ライフサイクル(Product Life Cycle：PLC)という(図表1.12)．導入期は製品の認知を高める活動を行い，成長期はブランドイメージを浸透させるコミュニケーション活動を行い，さらに，成熟期は市場における地位やシェアを維持するようにする．衰退期は社会的責任としての活動と撤退のタイミングを検討するなど，それぞれの期において適切な対応をとることにより，製品の寿命を延ばすことができる．また，4つの段階により，事業における貢献利益が変化するので，成長段階の異なる複数の製品を組み合わせて，売上と利益を確保するように努める．

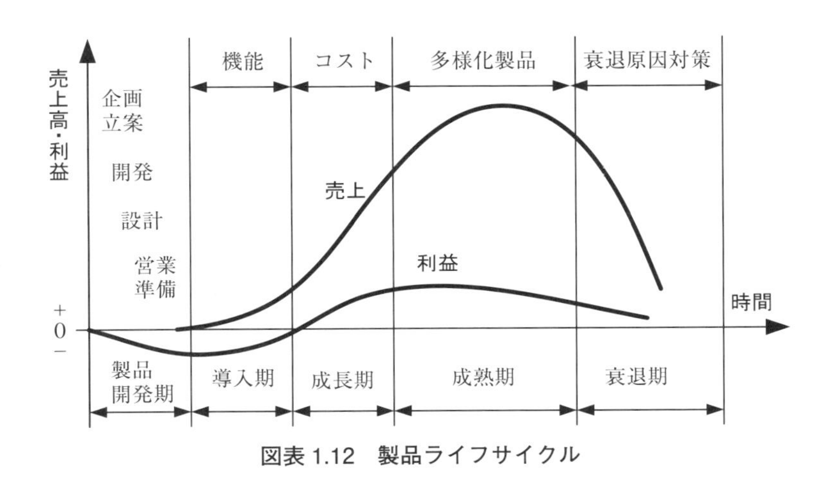

図表1.12 製品ライフサイクル

(2) 価格(Price)

製品価格決定の考え方には，原価に利益を上乗せして，売価を決めるコスト積上げ方式(原価 + 利益 = 売価)と，市場で販売しやすい価格設定をしてから，かけられる原価を決定する売価逆算方式(売価 − 利益 = 原価)がある．

上澄み吸収価格政策は，高額な価格で製品を市場に投入し，少しずつ市場を拡大しながら価格を下げていく進め方である．それに対して，浸透価格政策は，最初から製品を低価格で投入し，市場全体を獲得する進め方である．

(3) 販売促進(Promotion)

販売促進には，広告，人的販売，パブリシティがある．これらを組み合わせることを，プロモーションミックスという．広告には，コマーシャル，新聞，雑誌，カタログ，街頭の看板，web などの媒体がある．製品の紹介だけでなく，企業イメージの訴求や，諸元などの技術情報の掲載などがある．人的販売では産業材の場合には，納品先との長期的な人間関係や，信頼を得ることが重要である．また技術的な内容で納品先とのコミュニケーションを図る場合には，技術者が技術営業として活躍する場面が多くなる．パブリシティでは企業の PR として，工場見学会を実施したり，工場内の施設を住民に開放したりして，企業に好意をもってもらう活動を行う．パブリシティは，広告料を払うのではなく，企業活動の内容や様子を雑誌やニュースに紹介してもらう活動である．プル戦略とは，広告や宣伝を通じて，消費者に働きかけ，消費者に，商品を指定してもらうようにすることである．一方，プッシュ戦略とは，製造業者から卸，卸から小売りというように商品説明をして，商品を売りたいと思うようになるよう働きかけることである．

(4) 場所・流通(Place)

製品が製造業者から消費者にわたるまでの経路を流通チャネルという．メーカーから複数の卸業者を経て小売店に流通する場合や，インターネット上で，製造業者が商品を販売し，消費者が直接購入する場合，あるいは家電量販店やメーカー系列の販売会社を利用するなど，さまざまな形態がある．

1.7.3 事業の定義

事業領域の定義については，製品(技術)と市場の2軸で捉えられていたが，エーベル(Dereck. F. Abell)は，事業領域を顧客層，顧客機能，固有技術の3次元の軸で捉える重要性を指摘した[14]．顧客層とは，事業の対象とする顧客であり，同一の基準により層別される．層別される基準には地域的な違い，取り扱う事業分野，ライフスタイルなどがある．顧客機能とは，その顧客が必要とする機能であり，ベネフィット，属性，ニーズが関係する．固有技術とは，顧客要求を満たす機能を実現するための代替的な方法である．機能が輸送であれば，代替技術として車，鉄道，船，飛行機などの輸送機関がある．

顧客層，顧客機能，固有技術を「誰に」，「何を」，「どのように」と捉えると3軸の関係が理解しやすくなるといわれている．

1.8　経営資源における情報の役割

1.8.1　情報の発展経緯

経営資源は，ヒト，モノ，カネ，情報の4つである．ヒト，モノ，カネという3つの経営資源に対して，情報が4つ目の経営資源として本格的にその役割を担うようになったのは，20世紀後半以降である．世界最初のコンピュータと言われているものに，ENIAC(Electronic Numerical Integrator and Computer)がある．第二次世界大戦後の1946年に完成し，約18,000本の真空管，7000個のダイオードなどが使われた．その後，コンピュータは急速に発達し，ホストコンピュータ，オフィスコンピュータ，エンジニアリングワークステーション，パーソナルコンピュータが登場した．コンピュータのオペレーティングシステム(OS)については，ホストコンピュータのOSを始め，DOS，UNIX，Linux，Windowsなどが登場した．

インターネットは1960年代にはじまり，パケット通信のネットワークとしてARPANETが開発，運用された．1995年にIE(Internet Explorer)が標準装備されたWindows95が発売され，ISP(Internet Service Provider)が急増した頃から，インターネットが急速に普及し，電子メールも手軽に使えるようになった．また，コンピュータの普及に伴い，業務系アプリケーションが登場し，企業内の業務のシステム化が進行した．1980年代にはCALS/EC(Continuous Acquisition and Life-cycle Support / Electronic Commerce)が登場し，情報システムは製品ライフサイクルのさまざまな局面でQCD(品質，コスト，納期)を満たすための手段として活用され，事業革新のイネーブラ(競争促進要因)と呼ばれるようになった.

2011年以降になるとドイツが進める第4次産業革命「Industrie 4.0」，米国を中心とするIndustrial Internet Consortium(IIC)に注目が集まるようになった．モノやコトのインターネット化(Internet of Things：IoT)，スマート工場(自ら考える工場)，マス・カスタマイゼーション(個別大量生産)など，工場における高度なデジタル化とビジネス革新への研究が顕著にみられるようになった．2016年には，日本でも第5期科学基本計画のもとSociety5.0という概念が提示され，具体化の研究が進んでいる.

1.8.2　情報活用の視点

情報化が進展すると，情報を適切に活用する必要が生じてきた．第一に，データ，情報，知識，知恵の4つを明確に捉えて活用すべきである．データとは，製品検査で測定された数値，アンケートに記述された意見などであり，定量的データと定性的なデータに分類できる．情報とは，データをある意図や目的を持って加工したものをいう．検査データを製品種類別や加工機別に層別する，アンケートの意見を年齢や地域で分類して集計する，などである．知識とは，情報を体系化したものであり，目的を達成するための基準やパターンである．知恵とは，知識を問題解決で実践できるようにすることである．例えば，製品の顧客先の販売記録はデータであり，顧客をさまざまな属性から分類し，売り上げの推移を示したものが情報である．この情報からある属性の顧客は製品導入後の高機能オプションの追加がみられ，それ以外の顧客は通常品の需要が高いという傾向が把握できた．この知識をもとに，その属性の顧客でありながら，高機能オプションを導入していない顧客に対してオプションの導入を進めたところ，高い確率でそのオプションが採用されることになった．このことが，知恵の発揮による問題解決である.

第二に，情報の性質について捉えるべきである．4つの経営資源のうち，情報の持つ性質はヒト，モノ，カネと比較して異なる要素が多いので，情報の持つ性質を理解したうえで情報資源を活用する必要がある．情報の性質[15][16]には，①スピード・効率化，②中抜き，③情報の繰り返し利用，④繰り返し購買が発生しない，⑤組合せによる価値創出，⑥異なる価値観の創出，⑦再生産の原価がゼロに近い，⑧伝播性などの特徴がある．例えば，情報投資によって業務の効率化をめざす場合には，効率化の程度を十分考慮する必要がある．新人が業務に従事し，最初は慣れない仕事で時間を要していたが，習熟が進むと効率が1.5倍とか2倍になる．しかし，情報投資の場合には，効率化の程度を人的資源の場合と同じように考えると失敗する．情報化のポテンシャルは非常に高く，数倍あるいは十倍以上の効率化を考慮できる場合がある．

第三に，適切な情報収集時点を決定することが重要である．小売業の店頭では，POS(Point of Sale)を中心に情報化が発展してきた．これは，販売時点の情報であり，売れ筋，死に筋分析で使われる．物流の場合には，入荷，入庫，出庫，出荷が最低限の情報収集時点になる．製造業の場合には，製品を製造するための部品点数が多く，工程数が多く複雑であるため，情報収集時点が多くなりやすい．情報投資が膨らまないようにするために，収集する情報の利用目的を明確にして適切な数の情報収集時点を決定するとともに，一時点あたりの情報収集コストも抑える工夫をする必要がある．

第四に，情報の粒度を考慮して情報を活用すべきである．例えば生産工程の仕事を微動作，動作，作業，工程の粒度で分析するとき，改善の対象となる仕事を適切な粒度で把握できるようにすることが重要である．

第五に，適切な分類について考慮すべきである．開発した製品を，新しい製品として分類するか，現行機種に後継機種を関連づけて分類するかによって，処理される統計データが異なり，分析結果も変わってしまう．正しく適切な分類でない結果で判断すると，誤った意思決定に結びつく．

第六に，情報を扱う際の問題点を考慮すべきである．例えば，情報として扱うことができるのは暗黙知ではなく形式知である．さらに，人によって受け取った情報に対する理解が異なり，その結果，判断も異なることがある点を留意する必要がある．

1.8.3 ITの利用目的

ITの利用目的を自動化と省力や，合理化と標準化に限定すると，ITの活用は限られた範囲に留まる．ANSIやISOによれば，情報システムの使命は「ビジネスの事実を捉える」ことと，「人々の意思疎通を支援する」ことである．またドラッカー(2005)は，意思疎通という意味のコミュニケーションのためにITを使うべきとしている[17]．

すなわち，第一にビジネスの事実を捉えるために，もの，ことの事実を捉えるデータを設計し，そのデータを実現するための処理を設計する．

第二に，ビジネスの事実を捉えることが実現すると，情報を共有する仕組みづくりができる．例えば，同期生産スケジュールを策定し，ビジネスの現場で働く人々に適切に開示し，必要な情報を必要なときに，必要な人が参照できる仕組みを構築するとよい．

これにより，第三として，意思疎通を支援できる仕組みづくりに挑戦でき，めざすべき価値創造に取り組むことができる．例えば，顧客の要望する仕様を伺い，使い方を指導しながら，適正な製品仕様を選定する．顧客が決められない事柄があっても，仕様が未定のまま先行手配ができる仕組みを用意し，納期短縮を図るなどである．

1.9　生産システムのマネジメント

テイラー(1856－1915)による科学的管理法は1911年に提唱され，生産システムの発展に多大な影響を及ぼした．テイラーは作業を要素作業に分解し，不要な動作を省き，最善の作業方法を見出す方法を示した．時間研究では，ストップウォッチを用いて作業の所要時間を測定し，作業方法，道具の標準化も行った．また指図票により，計画と実施の分離をし，仕事や職位ではなく努力に対して賃金を払う差別的出来高払い制度を提唱した．

テイラーの科学的管理法は，米国の産業界に大きな影響を与えた．フォード自動車は，1908年にT型フォードを発売し，小型で頑丈，大量生産による大幅なコストダウンを実現し，大衆ニーズを捉えることができた．工場では標準化，専用機，部品の規格化が進められ，ベルトコンベヤによる生産が行われた．やがてゼネラルモーターズ(GM)が1908年に設立され，製品の種類を増やして，高級志向の車を発売した．T型フォードはGMの登場により，急速に衰退していった．

大量生産時代が本格的に幕開けすると，生産システムは自動化，高度化し，QCDの要求を満たす大量の製品が市場に投入されるようになった．規模の経済とは，事業規模が大きいほど一個当たりの費用が少なくなり，効率が良くなるという概念であり，生産マネジメントもこれらを念頭に置いた生産管理，品質管理，原価管理が行われるようになった．1980年代まで続いた大量生産時代を通じて，顧客の基本的なニーズは満たされ，世界経済が大きく発展した．

やがて，製品が市場にあふれるようになると，顧客はさまざまな要望を示すようになり，多様な製品が販売されるようになった．このため，多くの製造企業は，規格品の大量生産から多品種少量生産に移行していった．人々の注目が範囲の経済に移り，複数の製品への展開を共通的な企業インフラが支えることになった．また，経営戦略の重要性が高まり，TQM，ISO9000 シリーズ，シックスシグマなどの新しい規格や方法論も登場した．1992 年には，Joseph Pine によるマス・カスタマイゼーションが出版され[18]，1993 年にはビジネスを改善・改革するための方法として，ビジネスプロセス・リエンジニアリング[19]，プロセスイノベーション[20]が紹介された．

1995 年以降になると，インターネットが世界中に急速に進展し，情報システムが企業経営の競争促進要因となった． CALS international 1997 が東京で開催され，QCD を改革するための方法が紹介された．この頃から，スピードの経済が中心的な話題となり，1 日当たりの処理を複数回行うという回転率が重要視され，回転数 / 日を事業目標の柱とする取組みが増えていった．2003 年になると，技術経営（MOT）の活動が活発化し，産学で取組みが行われた．その後の円高，リーマンショック，東日本大震災，さらにグローバル経済と新興国の発展は，製造企業の経営に対して，非常に大きなインパクトを与えた．

世界経済がグローバル化すると，世界規模で製品が流通するようになった．コモディティ商品は大量生産が進み，製品価格はより一層，低価格化への圧力が高まった．投資の規模が格段に大きくなり，少数の企業により，大きな市場の獲得競争が展開されるようになった．一方，顧客ニーズの多様化に対応するビジネスでは，消費地に近いところで，きめ細かな顧客に対応する製品を顧客に提供するようになった．複数の仕様をあらかじめ用意し，豊富な仕様の組合せで，個々の顧客に柔軟に対応する方法がさらに進んでいった．

2015 年頃になると，個々の顧客に柔軟に対応する方法であるマス・カスタマイゼーションが再燃し，ネットワークの情報に応じて生産物などを組み替えて最適な生産を実現するダイナミックセル生産方式に注目が集まった．IoT や M2M（Machine-to-Machine）は，人，ビジネスプロセス，データを組み合わせて接続する IoE（Internet of Everything）という概念に発展した．ビックデータ，人工知能，自動運転技術，3D 地図，VR（仮想現実）・AR（拡張現実）・MR（複合現実），クラウドコンピューティング，高度画像処理技術，ドローンなどの統合的な利用も摸索されるようになった．各企業では，取り扱う業務のデジタル化が一層進み，新たな顧客価値を実現するビジネスモデルの創出が進むようになった．最近では，クラウドファンディングによる資金調達により，商品開発や試作評価に対する新しい仕組みが実現している．

生産システムは，時代の変遷とともに変化し，生産マネジメントの方法も進化してきた．地球環境への対応から，欧州連合は2035年以降，ハイブリッドを含むガソリン，ディーゼルエンジン車の販売の終了を決定した．一方，他の地域では，EVやFCV(燃料電池車)だけでなく，従来技術の進化や，水素エンジン車の選択肢も検討されている．また，日本版GPS「みちびき」により，誤差が数cm単位で測位できるようになれば工場や農場での新たな利用が期待できる．今後も，時代とともに変化する要求や技術に対して，新しい生産システムや生産マネジメントの方法が生み出されていくと考える．

1.10　技術経営

技術経営(Management of Technology：MOT)[21]とは，テクノロジー・マネジメントとも呼ばれ，その目的は，技術投資の費用対効果を最大化することである．取扱い領域は，経営，人事，情報，マーケティング，開発，調達，生産，物流，アフターサービスであり，これらの業務プロセスの価値連鎖，すなわち企業のバリューチェーン[22]における技術課題を体系的に経営することである．ここでテクノロジーとは，次世代テクノロジーを考慮したものであり，新しい産業を生み出し，既存の産業を変えるイノベーションをもたらすものである．さまざまな研究の流れが集まり，既存の技術とはまったく異なる不連続な新しい技術を創出することが含まれる[23]．リスクの高い投資にインセンティブを与えるものでもある．

MOTの必要性は，研究開発や特許取得が活発に行われても，事業化に至らず，死の谷に埋没する事例が多いという問題を解決するためである．また，大企業が顧客の要望を満たす既存製品の改良に目を奪われ，新規の需要に目が届かないために新しい市場への参入が遅れる傾向にあることは，イノベーションのジレンマと呼ばれる．MOTへの取組みによって経営のわかる技術者が増え，事業に対する意識が高まると，事業化を考慮した企画開発や，事業化に至る取組みに積極的に関与できるようになることが期待される．

研究開発マネジメントの有効な方法として，ステージゲートがある．ステージゲートは，アイデアの創出から，ビジネスプラン，製品の市場導入に至る過程を，複数のステージに分け，各ステージで次のゲートに進めるか否かを評価する方法である．研究開発テーマの不確実性を考慮しながら，革新的なテーマを選択し，事業を成功させるイノベーションのための仕組みである．

1.11　財務管理

1.11.1　財務会計

企業会計は財務会計と管理会計に分類される．財務会計は，企業の諸活動を通じて変化する財務状態や経営の成績を示すものであり，株主や投資への情報提供，税務などに使われる．複式簿記に基づき作成される損益計算書や貸借対照表などの財務諸表が中心になる（図表 1.13）．

複式簿記には商業簿記と工業簿記がある．損益計算書は一定期間内の経営の成績を示したものであり，貸借対照表はある時点の資産や負債，資本の状態を示したものである．当期と前期を比較することにより，財務状態の変化を把握することができる．一方，管理会計は，主に企業内部の分析に用いられる．収益性や採算性を明確にするために限界利益が用いられる．

1.11.2　キャッシュフロー・マネジメント

キャッシュフロー・マネジメントとは，資金の収支を管理することであり，資金の収入及び支出の時期と資金量をコントロールし，資金不足に陥らないようにすることである．材料の購入から製造販売までのプロセスにおいて，材料の購入の支払いと，製品の販売による資金回収，それに在庫の保有日数を加味

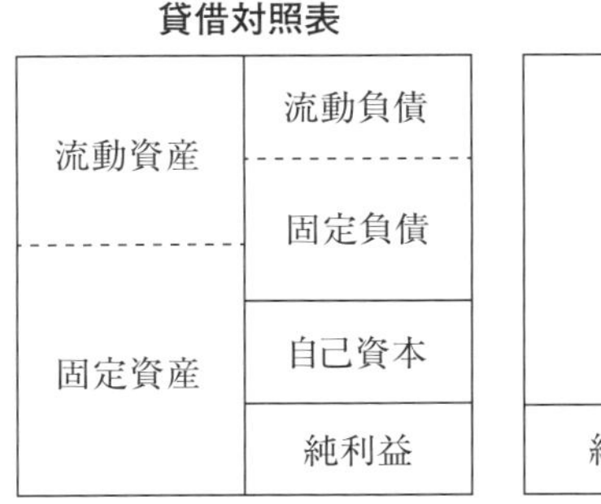

図表 1.13　財務諸表

して行う資金管理を営業キャッシュフローと呼ぶ．また，設備の投資と回収にかかわる投資キャッシュフロー，キャッシュの不足分を補うための財務活動に伴う財務キャッシュフローがある．借金返済や株主配当により資金が減少し，社債の発行や借入金などにより資金が増加する[24]．

1.11.3　資本の調達と運用

資本の調達は，株式や社債による直接金融，銀行からの借入による間接金融，自己金融としての内部留保や減価償却累計額がある．

資本の運用については，製品の販売計画に伴う損益を見積もるために損益分岐点分析があり，投資の経済性を検討するために経済性工学が使われる．特に設備投資計画については，毎年のキャッシュフローを現在価値に換算して投資金額と比べるDCF（Discounted Cash Flow）が使われる．DCFでは，NPV（Net Present Value：正味現在価値法）とIRR（Internal Rate of Return）があり，その他として，資金の時間的価値を考慮しない回収期間法がある．また製品の原価を算出する際には，直接作業時間に基づく間接費の配賦ではなく，活動の手間により原価を計算するABC（Activity Based Costing：活動基準原価計算）がある．いずれも適切な投資回収や製品原価の算定などに貢献するものである．

1.11.4　工場の売上と経費構造

(1)　付加価値生産性

企業の生産性を測定する方法として付加価値生産性がある．売上高／人員を高めていく生産性の考え方では，売上高を伸ばすか，外注の積極的な活用，人員リストラにより生産性は向上する．それに対し，付加価値生産性は労働時間あたりの付加価値額を測定する．売上高／人員ではなく，一人が生み出す付加価値で生産性を測定する．そのため人件費の安い海外に移転すると，付加価値生産性は下がることが多くなる．人件費の安い地域では一人当たりの付加価値は低くなるという事情によるものである．

付加価値とは，企業が生産を通じて創造した価値であり，外部からの価値物である前給付原価（外部購入価値＝材料費，水道光熱費，消耗品費，旅費交通費，保険料など）に，労働によって付加された価値のことである．付加価値の計算は，次のとおりである．

加算法

付加価値 ＝ 人件費 ＋ その他の分配項目（賃借料など）＋ 企業利益

減算法

付加価値 ＝ 売上高 － 前給付原価

前給付原価は，日本銀行方式では，労務費，租税公課，賃借料，金融費用，減価償却費以外の製造原価と販売費及び一般管理費である．また付加価値生産性とは，従業員１人当たりの付加価値額を表す指標である．

付加価値生産性 ＝ 付加価値 ÷ 従業員数
＝（有形固定資産 ÷ 従業員数）「労働装備率」
×（売上高 ÷ 有形固定資産）「有形固定資産回転率」
×（付加価値 ÷ 売上高）「付加価値率」

なお実務上は，売上高から材料費と外注費を差し引いた限界利益を使う．

付加価値 ≒ 限界利益 ＝ 売上高 －（材料費 ＋ 外注加工費）

付加価値生産性 ≒ 限界利益 ÷ 従業員数
＝（有形固定資産 ÷ 従業員数）「労働装備率」
×（限界利益 ÷ 有形固定資産）「設備生産性」

付加価値生産性を高めるためには，売上単価の向上，売上品目構成の変更による限界利益の向上，外注費・材料費の削減，購買単価の低減，手作業から機械加工，自動化による仕損の低減，生産工程の効率化が考えられる．

(2)　設備投資と資金回収能力

工場経営で最も難しい経営判断の１つが設備への投資である．設備投資には，多額の資金が必要で，１会計年度における売上では賄うことができないのが普通である．また経費の計上も一度に行うことができない．収入の実績と見込みから，かけられる費用を算出し，その範囲で収まるように仕事を拡張し，設備を投資するためには，限界利益によって固定的な費用の回収能力を把握することが重要である．設備投資によって生じる借入金の毎月の返済額を，毎月の営業キャッシュフローによって充当できれば，設備投資は可能と判断できる．

ただし，営業キャッシュフローは，景気や受注の変動があるため，必ずしも毎月の返済額を確保できる保証はないので，ある程度の変動があるものと考え，その変動に相当する分の資金の余裕が必要になる．このような判断をすれば，設備投資後に，設備投資による売上の拡大が思うように見込めない結果となっても，返済不能という事態を回避することができる．

(3)　直接材料費と外注加工費

売上に対する経費は，材料費，外注加工費，直接労務費，減価償却費，製造間接費などに分けられるが，例えば，機械金属を扱う加工組立型の企業では，直接材料費と外注加工費の占める割合が高くなる．外注加工を受ける場合には，材料支給か，自社持ちかの違いによって経営上のキャッシュフローの影響が異なってくる．また，自社の仕事が忙しいなどの理由で外注先に頼る場合には，製品の受注状況によって手余り，手不足の状態が変動するので，手不足なのかを確認したうえで，適切な外注の利用を行う必要がある．

(4)　調達コストの変動

材料費が高騰したとしても，販売価格にすぐに転嫁しにくいが，材料費や運搬費を常に確認し，価格の改定があれば，それを販売価格に転嫁できるように顧客と交渉することが経営面において重要である．調達の際には，材料費や運搬費が改定された見積書が届くことがある．見積価格を常に確認し，妥当か否かを検討することが重要である．

1.12　中小製造企業の特質

1.12.1　中小企業の定義

中小企業基本法の第二条によれば，「中小企業者の範囲」を次のように定義している．①製造業，建設業，運輸業などに属する事業を営み，資本の額，あるいは出資の総額が 3 億円以下の会社又は，常時使用する従業員の数が 300 人以下の会社及び個人であること，②卸売業については，資本の額，あるいは出資の総額が 1 億円以下又は，従業員数が 100 人以下，③サービス業については，資本の額，あるいは出資の総額が 5000 万円以下又は，従業員数が 100 人以下，④小売業については，資本の額，あるいは出資の総額が 5000 万円以下又は，従業員数が 50 人以下であることとされている．また，中小企業基本法の第二条五項では，従業員数がおおむね 20 人(商業，サービス業に関する事業を営む者は 5 人)以下の事業者を「小規模企業者」と定義している．

総務省の平成 28 年経済センサス基礎調査(経済産業省中小企業庁調査室によ

る再編加工)では，大企業が約1.1万社，中小企業が約357.8万社であり，中小企業は全企業数の99.7%である．また，従業員数の構成割合は，中小企業が約68.8%，大企業が31.2%である．

1.12.2　中小企業の特質

(1)　下請型企業

下請型の企業は，サプライヤーと呼ばれ，受注をもらう親企業に依存する経営体質を有している．親企業が成長するとともに，今までの下請けに新たな下請けが現れ，一次，二次，三次などの下請けからなる巨大なサプライチェーンのピラミッドを形成するようになる．従来，親企業から下請企業に求めたことは，その多くが一般的な仕様による生産の依頼であり，受注を受ける下請企業には，低価格による受注，短納期，数量や日程の柔軟な対応が求められてきた．

昨今では親企業の成長とともに，下請型の企業は高度な技術を持つサプライヤーに成長している．受注体制は，親企業の組立日程に依存し，独自の生産計画や日程計画では生産を進められない体質を有している．受注企業は，受注に対する納期を厳守することが求められる．生産にあたっては下請企業の力量によって，指導者の派遣が必要な場合もある．さらに，中小企業は資金の絶対量が少ないため，材料の支給を受けたり，一定年数を減価償却した設備を親企業から受け入れたりして生産を担う場合もある．

親企業の製品需要が安定しており，親企業の要望に対応できれば，下請企業の経営は安定するが，コスト競争力が格段に違う代替企業の出現や，親企業の海外移転によって受注が減少すると，事業規模の小さい下請企業の経営基盤は揺らぐことになる．

昨今，大手企業は，東アジア地域などとの製品価格競争，消費者の嗜好や金融経済の変化によって急激な需要変動を経験し，価格変動を吸収する計画の立案も求められている．このため，従来のような下請企業への安定した発注が困難になる企業もある．大手企業の計画担当者の人材不足も発生し，計画を自ら立案できる中小企業に仕事を依頼する場合も生じている．下請企業の中には，事業環境の変化に対応できず廃業に追い込まれる企業が発生し，複数の大手完成品メーカーとのサプライチェーンを構成する山脈型の取引構造への変化や，独立型企業への転換を模索する企業もでてきている．

(2) 独立型企業

独立型企業とは，下請型企業とは対象的に，独自の技術を中心にした製品や事業を展開している企業である．独立型企業は，自社の中核となる製品を持ち，また特異な技術により専門集団化しており，大手企業が有していない技術や技能をうまく組み合わせて事業を展開している．受発注や生産管理などの主要な管理業務は，すべて自前で対応できるようになっている．また取引関係も特定の大企業からの受注に依存していることはなく，取引関係でも独立した存在になっている．

(3) 代行型企業

代行型企業は，顧客の要求に柔軟に対応できる構造になっている．高い試作能力，柔軟な生産体制，優れた技術や技能を有している．自ら組立日程を立案し，材料の自社持ちも行っており，大手企業からの要請に素早く対応できるようになっている．昨今では，コア技術の集積が進んでおり，大手企業が自社製品のすべての部品を自前でまかなうことができなくなってきた．さらに，採算性を考慮した事業規模を考慮すれば，大手企業は小規模な事業を自社内に抱え込めない事情がある．系列の中小企業に外部化するか，ニッチ市場で価格競争力のある中小企業との連携を強化しなければならない状況になってきている．

1.12.3 製品・サービス

製品とサービスについては，新製品の開発の考え方に新規製品と改良型製品の開発があるが，まったく新しい技術によって製品を開発し，それを市場に供給する場合には，ビジネス上のリスクが高く，新製品が売れるかどうかわからないという不確実性と，製品が売れてから資金を回収するまでの期間が既存製品よりも長いという問題がある．そのため資金的に脆弱な中小企業では，新製品が市場に受け入れられ，安定した売上げを確保できる製品に成長するまでの間に資金が枯渇してしまう状況になりやすい．

一方，改良型中心の製品開発は，新製品を開発するようなリスクは少なく，また得意先からの要望によって製品を改良する場合には，受注先が確保されているので，比較的安定した経営のもとで製品を開発していくことが可能である．資金に余裕のない多くの中小企業は，顧客が存在するビジネスを中心に新製品開発を行うという方針を採用している．

1.12.4　ものづくりの価値連鎖

ものづくりは，大手完成品メーカーや中小企業などによるサプライチェーンの関係(図表 1.14)で成り立っている．昨今では，国内だけでなく，グローバルな事業展開が進んでおり，系列と呼ばれる特定企業間の取引きだけでなく，さまざまな企業との結びつきにより，ものづくりが行われるようになっている(図表 1.15)．これに対応するためには，IT を用いて，ものづくりの最小表現となる作業仕様(図表 1.16)を管理し，どの相手先でもやりとりできる体制を整える必要がある．

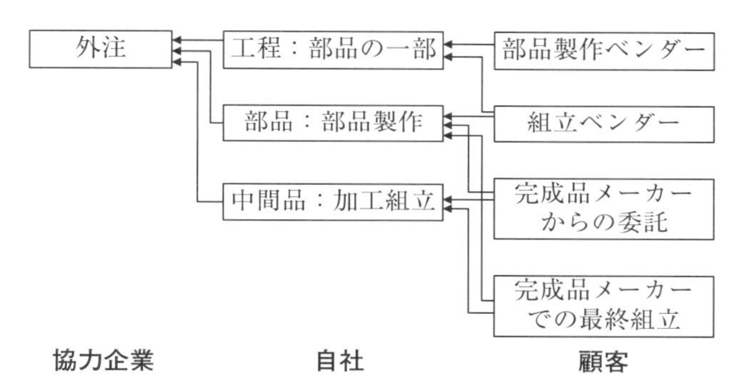

図表 1.14　技術情報・注文データの交換

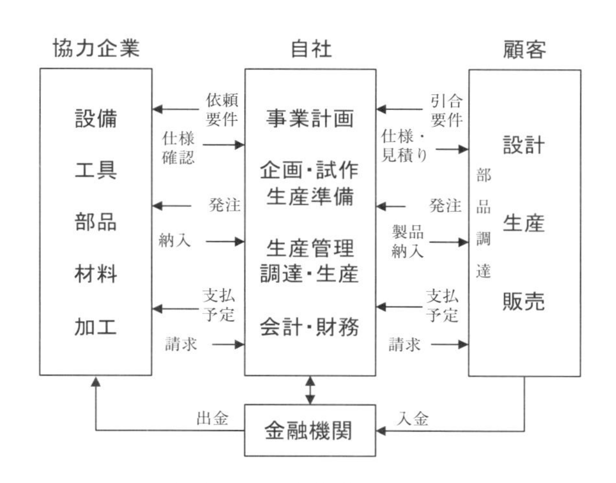

図表 1.15　企業間の取引き

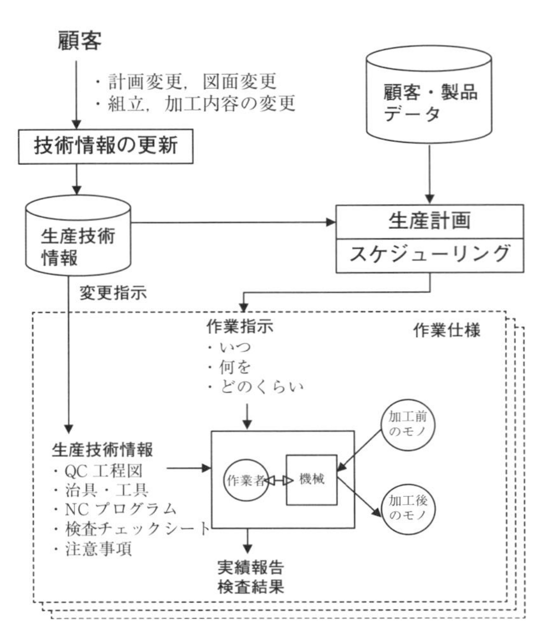

図表 1.16　ものづくりの最小単位（作業仕様）

1.12.5　起業と事業承継

個人で起業する場合は，開業届の提出や青色申告承認申請などの手続きを得て事業を開始する．売上が拡大し，従業員が増えると，個人事業主は株式会社や合同会社などの法人を設立する方向に進む．法人化によって，社会的な信用が増し，有限責任になるなどのメリットがある．革新的な技術やサービスを扱う場合には，ベンチャー企業やスタートアップ企業とも呼ばれる．著しい成長が見られる一方，成功しない場合もあり，経営の安定さに欠ける側面がある．また，事業を安定させる施策として，事業継続計画（BCP）がある．企業が災害などの緊急時に，事業の継続や早期の復旧が可能な方法や手段を計画することである．最近では，感染症対応 BCP のガイドラインが公表されている．

事業承継とは，後継者に事業を承継することである．日本の中小企業では，後継者不足が深刻であり，企業が有する技術やノウハウを次の世代にどのように繋ぐかが問題となっている．事業承継には，親族か従業員への承継のほか，M&A（Mergers & Acquisitions：合併と買収）がある．譲渡を進めたい企業と，譲受を希望する企業を結ぶビジネスにより，事業承継が成立することもある．

第2章

構想企画から生産を経て廃棄に至るまでのマネジメント

2.1 製品ライフサイクルマネジメント

製品は，企画から開発・設計，生産準備，さらには生産からアフターサービス，廃棄に至るまでのライフサイクルを経る．図表2.1 [1] に示すように，企業は，製品ライフサイクルの各段階において，製品・サービスを顧客に提供するために必要な事業活動とそのマネジメントを行っている．

ライフサイクルアプローチとは，企画・開発という製品ライフサイクルの初期段階で，その製品ライフサイクルのすべてにおいて，顧客の要求を明確にし，製品の設計に反映させることである．図表2.1では，製品ライフサイクルを製品企画・開発段階，供給段階，運用段階，廃棄段階の4つに分類している．しかし本章では，さらに詳しく検討するために，構想企画段階，開発・設

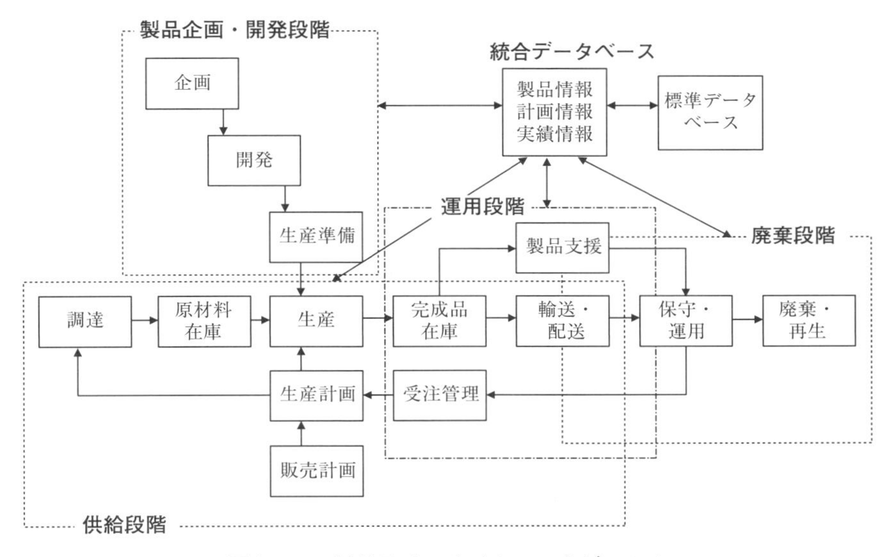

図表2.1　製品ライフサイクルマネジメント

計段階，資材調達・生産準備段階，生産段階，流通・販売段階，アフターサービス段階，廃棄段階の７つの段階に区分する．

2.2　構想企画段階のマネジメント

2.2.1　企画とは何か

企画とは，目的達成のために新しい手段や価値を創造することである．企画の対象は事業，製品・サービス，業務などであり，これらの価値を高めるための問題解決である．

問題解決には，①発生型問題，②探索型問題，③設定型問題がある．①は改善，②は改良，③は設計問題であることから，企画は②や③が中心となる．企画の立案に際しては，企画のアイデアが優れており，論理的思考により筋道をたてて関係者を納得させることができること，企画の目的から離れていないこと，アイデアだけでなく実現可能性を有することが重要である．

成果を確実にするためには，革新的で価値の高い目的を設定し，最適な手段を見出すこと，これを実践して目的を達成することである．また，環境変化に対する適応能力を高める必要がある．老舗企業ほど，環境変化に柔軟に対応しているといわれている．

企画を行う場合には，さまざまな能力が求められる．最初に，①対象プロジェクトに関する専門的な知識(市場・商品)・経験・技術が必要である．次に，②創造力や論理的な思考力，情報を収集して分析し，活用する能力，問題を解決する能力が求められる．また，③プレゼンテーション能力やコミュニケーション能力[2]，説得力などや，さらには，④向上心・意欲・行動力，即断力とともに，⑤構想力や，ものごとを体系化・構造化し，先読みができる能力などが求められる．企画に携わることによって，業績の維持や向上に貢献できるだけでなく，人材育成にも結びつくので，それにより自信が生まれ，自己実現も可能となる．

2.2.2　情報の収集と分析

(1)　自社の状況把握

自社における事業の実績や運営状況として，①自社の事業・製品の構成と売上，その推移，②顧客名，取引製品，納品先，取引量，取引予定，③経営目標とその実績，④事業ごとの経営資源の配分，事業戦略の内容，などを把握する．これらのデータは管理部門が異なることが多く，複数のサーバにデータが分散する場合には，掌握部門との調整やデータ収集に関する依頼が必要になる．

(2)　業界・競合企業の把握

自社を取り巻く競争関係として，①自社の所属する業界の特色，業務知識，課題と将来性，関係法規などを把握する．さらに，②競合企業の状況や関係企業との提携状況，③競合企業が有する製品の状況として，売上高，生産高，シェアなどを調査する．調査資料としては，政府統計をはじめ，各種の公開資料，業界雑誌や，調査会社などに調査を依頼することによって必要な情報を把握する．

(3)　技術・市場の将来性

自社が扱う技術について，①技術の市場性と将来性，②ターゲットの特性，③製品技術の競合性について調査する．ここでは，業界・競合企業の把握と同様に，公開されている情報や，調査会社などに調査を依頼することによって，当該技術の動向を把握する．

2.2.3　事業・製品の構想企画

(1)　ビジネスモデル

ビジネスモデルとは，収益を生み出すための事業の仕組みである．事業を企画するとき，どんなビジネスモデルで製品・サービスを提供していくかを考える．例えば，デルコンピュータはBTO(Build to Order)で有名であり，またアマゾンはAからZまで何でも揃う，アスクルは注文があったら明日までに届ける，をコンセプトにビジネスモデルを構築している．

國領(1999)によれば，ビジネスモデルとは，①誰にどんな価値を提供するか，②そのために経営資源をどのように組み合わせ，その経営資源をどのように調達し，③パートナーや顧客とのコミュニケーションをどのように行い，④いかなる流通経路と価値体系の下で届けるか，というビジネスのデザインについての設計思想であるとしている[3]．実際には，考案したビジネスモデルを実現するために，ビジネスプロセスを確立し，構築する必要がある．

(2)　事業の立案

事業の構想企画では，既存の事業の状況や保有技術，ビジネスモデルを念頭に置き，既存事業との相乗効果が発揮できる事業や新製品を立案する場合と，まったく新規に事業や製品を構想立案する場合がある．前者の場合は，既存事業の経験が豊富にあり，企画に関する多くの情報を収集できる可能性がある．しかしながら，まったく新しい事業や製品を構想する場合は，経験や知識が不足するため，外部の協力者を通じた情報収集が必要になることが多い．

2.2.4　新規事業計画の立案

新しい製品やサービスを創出するために，新規事業の計画を立案する際には，関係する各部門で検討し，新規事業計画書にまとめる．さらに経営層に対してプレゼンテーションを実施し，事業計画の質を高める．新規事業計画を10ステップで進める場合を次に示す．

(1)　STEP1：事業ビジョンの立案

事業ビジョンとは，事業の将来のありたい姿のことであり，当該事業でめざす事業の姿を簡潔に記述する．事業ビジョンを描くためには，事業コンセプトの明確化が必要であり，誰に(Who)，何を(What)，どのように(How)提供するかを明らかにすることである(図表2.2)．

Whatでは，製品を示すことではなく，事業で提供しようとする価値あるいはニーズを記述することが大切である．例えば，超小型化ニーズとか簡便性，安価などである．

Whoは，価値を提供する対象者，すなわちターゲットのことである．例え

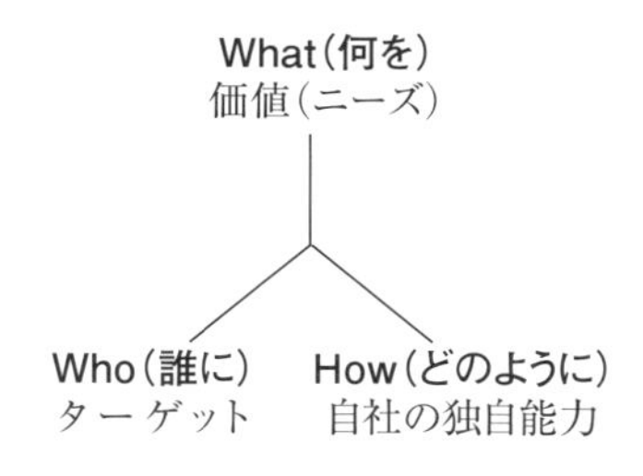

図表2.2　事業コンセプトの規定

ば，精密機器メーカー，若者男性，行政機関などである．

How は，単に提供する方法を記述するのではなく，事業主体者のもつ優位的な経営資源をいかに活用するかであり，当社の独自能力を活かして行う行動を表現することである．例えば，A という特許技術を活かして，B 社との事業連携を行い，当社の既存市場の優位的な販売ルート網を活かす，などである．自社の独自能力を活かすためには，産業，市場，技術，競合の変化を考慮し，SWOT 分析などで自社の経営資源の強みや弱みを，機会や脅威との関連の中で分析し，評価する必要がある．

(2)　STEP2：製品企画，開発，設計

事業で展開する製品を具体化するのが STEP2 である．この事業で開発すべき製品とはどんな製品なのかの定義をし，どんな視点から開発すべきかを当社の技術力，当該製品の PLC 上のポジション，研究開発能力，知的財産の保有状況，仕入れ先や外注先の能力なども含めた調達力，生産力に関連する諸資源の観点に基づき検討し，開発及び設計計画を立案する．

開発の方向性は 4 つある．1 つ目は「類似品型の開発」で既存製品と類似した方向性で性能の向上やコストダウンなど競争力を高めた開発をしていくものである．製品開発の多くはこの方向に基づいて行われる．2 つ目は「ニーズ主導型の開発」で，顧客ニーズが顕在的で明確である場合に行われる．これには一般的なニーズと特定のお得意様より求められるニーズがあり，ここでは特定のお得意様からの明確なニーズに基づいて行われる開発の場合を，ニーズ主導型の開発と呼ぶ．3 つ目は「技術主導型の開発」で技術課題が比較的明確であることと，技術革新が当社のもつ技術力を活かせる場合に選択される．最後の 4 つ目は「製品コンセプト型の開発」のことで，中長期的な市場や技術トレンドなどを踏まえて次世代型の製品を開発する際に選択される．従来とはまったく違う発想から行われる製品開発もこれに含まれる．

(3)　STEP3：ターゲットの設定

事業計画の立案において環境分析とターゲット分析は非常に重要である．なぜなら，作成しようとする事業計画の客観性を担保する役割を果たすからである．つまり，事業の新規性や実現性，競争性を維持するためには次の事業環境の分析が不可欠である．

① 社会・経済，産業・業界の変化に関する分析
② 市場(需要)環境の変化とターゲットニーズに関する分析
③ 競争環境の変化に関する分析
④ 技術環境の変化に関する分析

社会・経済，産業・業界の変化に関する分析においては，マクロ的な変化が当該事業にどんな影響をもたらすことになるかを明確にすることである．例えば，法規制の対象になる製品であれば，法規制の変化の動向を見据えながら予測する必要がある．規制緩和のシナリオをいくつか組み立てたうえで当該事業への影響を検討しておかなくてはならない．

市場(需要)環境の変化とターゲットニーズに関する分析においては，当該市場の規模や成長性に関する分析をする．この分析結果により事業の売り上げ規模の予測が大きく変わってくる．また，定量的な分析と定性的な分析をともに行うことも大切である．さらに，当事業のターゲットとなる顧客ニーズを明確にすることも重要である．つまり，提供する製品やサービスに対するターゲットのニーズ要件を明確にすることである．この分析の結果次第では，開発しようとする製品の仕様変更も必要になる．

競争環境の変化に関する分析においては，業界内の競合だけでなく業界外の競合も考慮する必要がある．業界の再編の可能性がある場合は，海外も含む業界外の競争企業の検討が大切になる．

技術環境の変化に関する分析においては，技術的な変化の傾向を明確におさえること，この事業で取り組もうとする技術のライフサイクルを見極めることも重要である．大きな技術的な転換の有無や可能性については，特に留意する必要がある．

(4) STEP4：競争力，技術力

このステップでは，What，Who，Howのうち，Howを具体化するうえで重要な項目を検討する．つまり，いかに独自能力を活かしつつ製品を開発し，事業を推進していくのかと深くかかわるものであり，競争力とその裏付けとなる技術力を分析することを意味する．

まず競争力に関する分析を行う．競争力の評価の中でSWOT分析の結果から得られた当社の強みと弱みを，さらに事業レベル，製品レベルまでブレークダウンして分析する．その結果，どのような条件(課題)を解決すれば当社や当

該事業，製品の競争的優位性が獲得できるかを明確にする．技術力については，事業展開や製品開発に必要な技術を迅速に構築，充足できるのかを分析する．競争力と技術力の優位性を示す指標としては，市場シェア，市場参入障壁，先行利益を含む収益性，研究開発力，知的財産の保有状況があり，こうした指標を目標値の1つとして設定する．

(5)　STEP5：戦略

このステップでは，新規事業計画の事業としての基本要素と活動の方向性を規定する戦略を作成する．戦略とは，この事業を競争優位に進めるための総合的で，将来を見通した方策である．なお短期的，具体的な方策のことを戦術という．まず，SWOT 分析の結果を踏まえて SWOT クロス分析(図表 2.3)を行い，新規事業の戦略の方向性を定める．そのうえで，この事業の戦略コンセプトを設定する．

戦略コンセプトは事業ビジョンに基づいて決定されるが，当該事業(製品開発など)を推進していくための諸条件(自社の強みや弱み，市場変化や競争関係など)を勘案して設定される．戦略コンセプトは簡潔な表現で明示されることが当該事業に参画する人々の理解が得られやすく，1つのフラッグとして留意しやすい．例えば，この事業では「製造を外部に委託するファブレス事業とする」，「高い付加価値をめざす」など，明確な方向の明示が重要である．戦略コンセプトでは，最初にマーケティング戦略を検討する．それは，事業の売上や利益を生み出す方法を組み立てるために検討されるのがマーケティングだからである．ターゲットなる顧客ニーズに対して，いかなる製品やサービスを開発し，それ

			外部環境	
			機会	脅威
内部環境	強み		強みを活かして機会を捉える	強みを活かして差別化する
	弱み		弱みを克服して機会を捉える	守り，または撤退の戦略

図表 2.3　SWOT クロス分析

をどんな価値を持つものとして表現し，どんな方法で告知・訴求し，どんな方法で顧客に届けるのか，といった一連の価値提供プロセスを決定する．

マーケティング戦略の要素となる4Pでは，製品・サービスの創造(Product：提供したい価値の企画開発活動としての製品開発)，価値の表示(Price：価値の表現方法としての価格決定)，価値の伝達(Promotion：価値やその優位性を顧客に認知させる活動，広告や販売促進)，価値の実現(Place：製品を顧客に届け，使える状態にする活動，販路・物流など)を立案する．

(6) STEP6：生産設備・能力

事業戦略を構成する主要な要素は，マーケティング戦略と生産戦略の2つである．生産戦略については，当該事業の製品を生産する拠点としての工場の立地(顧客立地・納品先立地などの市場との隣接性，物流上のアクセス性，協力会社・調達会社との隣接性など)の問題と，生産設備(主に当該製品の生産に必要な質的・量的な設備など)の能力の問題があり，現在の体制で対応可能なのか，当該製品の生産にどんな新規投資が必要になるかの検討が大切である．

図表 2.4　ロードマップ

			2017年度(51期)	2018年度(52期)	2019年度(53期)
			4-6 / 7-9 / 10-12 / 1-3	4-6 / 7-9 / 10-12 / 1-3	4-6 / 7-9 / 10-12 / 1-3
事業展開	事業ステップ		要求開発仕様の実現	- フィールドテスト	量産準備
	事業シナリオ		× ○ 認定	× 他社提携 ○ 認定	× ○投資決定
	マイルストーン		Z社による開発仕様の認定 採用認定	フィールドテスト成功	Z社による品質認定 受注準備
事業活動	開発		改良設計 仕様書発行，開発評価	量産設計　目標コスト 品質管理評価	量産設計
	生産・資材		部品調達と試作組立	パイロット生産 目標組立工数	国内生産ラインの準備 基準書，文書整備
	マーケティング		Z社との連携・交渉 他社へのアプローチ	他社との交渉	
	設備		試作設備の導入		量産設備の導入
事業体制			研究開発部門	研究開発部門	研究開発部門 A製品事業部
事業採算	投資		￥　試作設備	￥	￥　量産設備
	売上		－	－	￥
	利益	単年度	△￥	△￥	△￥
		累計	△￥	△￥	△￥

(7)　STEP7：事業戦略シナリオ

事業目標を実現するための事業推進のステップと日程計画，そして各ステップにおいて，一貫した戦略の論理で直面する課題をどんな方法で解決していくのかを明示するのが戦略シナリオであり，これらを，工程表としてまとめたのがロードマップである(図表2.4)．ロードマップの作成は，各担当者の共通理解を深めていくうえでもきわめて大切である．事業のシナリオを検討する際には，①意思決定項目と不確実要因を明らかにする，②意思決定項目の連鎖で考える，③ダウンサイドリスクなどを時系列で検討する，④代替案に整理し，それぞれを比較，検討する，などの点に留意する．

(8)　STEP8：実施計画

事業戦略に基づいて，それを実施するうえで，どんな課題にどんな手段と方法を用いて，どのように取り組み，所定の目標を達成するのかを決めた計画が実施計画である．具体的には，開発計画，販売計画，購買計画，生産計画，設備投資計画などがある．STEP8では，実行可能性が問われるので，所定の目的・目標を達成するための取組みを明示した実現可能な計画が必要である．ここでは，解決すべき課題を考慮しない計画書を作成しては意味がない．

実施計画の中で，体制や組織についても立案する必要がある．人材の投入や，新しい部門や部署づくりも検討する．特に重要なことは，製品価値を実現するために，計画する生産量を決められた品質で確実に確保できる生産体制づくりと生産管理の仕組みを立案することが重要である．

(9)　STEP9：売上と利益，リスク

売上と利益をどう見込むかについては当該事業の着手の是非，計画の妥当性を左右するため，きわめて大切である．そのためには，売上と利益のシミュレーションを念入りに行う必要がある．楽観的と悲観的の双方のシミュレーションを行い，さらにリスクの想定とリスクの回避方法を検討し，リスク管理をどのように行うかについて整理する必要がある．リスクには開発や競合に関わるリスク，顧客ニーズや購買条件に関わるリスク，規制や生産拡大に関わるリスクなど多様である．何がこの事業にとって，悪い影響をもたらすのかを想定する必要がある．

最終的に売上・利益，コストなどの数値計画を，1年から3年，場合によっ

ては5年程度の損益計算書にまとめ上げる．さらに，事業運営の資金繰りも考慮した資金調達計画も必要である．

⑽　STEP10：生産・販売準備

生産準備については，仕様通りのものが実際の生産ラインにおいて設計通りに生産されるのかの検討段階を意味する．品質の実現が安定的に確保されるのかどうかが大きな課題になる．現実にはこの段階で仕様変更の可能性が皆無ではないことに留意する必要がある．実際に生産する工場での検証方法，期間，コストを含め適切な立案をすることが求められる．

販売準備については，販売体制の構築と，必要に応じてテストマーケティングを行う．テストマーケティングとは模擬的な販売を意味し，販売対象を限定して実際に販売活動を行ったり，モニターを対象に使用テストを行ったりすることである．計画された生産や販売体制で大丈夫なのか，従事する人材の確保と教育，運用ルールやマニュアルの妥当性なども検証する必要がある．

2.3　開発・設計段階のマネジメント

2.3.1　製品開発のマネジメント

製品開発のマネジメントは，製品の開発に関するプロセスを対象にする．構想企画段階で決定された新製品の提案が，製品開発部門に届けられ，製品の開発と設計が行われる．製品開発の目標，期間，開発人員，進捗管理の方法などが検討され，立案された計画に基づきマネジメントが進められる．

製品開発の進捗を管理する方法に，デザインレビュー(Design Review：DR)がある．デザインレビューは，開発に関係する部門が参加して行われる設計審査である．参加する部門は，開発・設計部門だけでなく，事業企画や製造，生産管理部門など，製品ライフサイクルに関係する主要な部門であり，製品開発の進捗に応じて，必要な部門の関係者が参加した会議が実施される．デザインレビューは，開発期間の短縮や初期製品の不良・クレーム防止，あるいは計画的な開発と開発の後戻りの防止を実現するための組織的な活動である．開発の具体的な内容や進捗の状況に関してレビューすると同時に，その結果から各部門との調整を行うなど，製品開発の重要なマイルストーンの役割を担っている．

2.3.2 コンカレントエンジニアリング

コンカレントエンジニアリングは，作業や工程を同時並行になるように並べ，情報交換を密にしながら，協調して作業を行うことによって，開発期間を大幅に短縮することを狙っている．企画の具体案が定まりつつある段階で，開発活動を始める，あるいは設計を行いながら，生産準備を始めるなどである．

2.3.3 製品戦略論

製品ライフサイクルの考え方に従って製品を開発するときには，開発する新製品だけを考慮した計画を立案するのではなく，既存の製品や他事業部の製品との関係や，現在開発中の製品の後継品までも考慮したうえで，新製品の開発を進める必要がある．新製品を投入すると，投入した製品の影響により，自社の既存製品の売上げが低下することがある．このような現象をカニバリゼーションという．

製品計画では，ある一定期間の製品寿命を想定し，製品寿命が尽きないうちに次の製品を市場に投入できるように考える．また，製品群全体で安定した売上や収益を確保できる計画を立案することが求められる．すなわち，プロダクトミックスを考慮した製品戦略の立案が必要である．

2.3.4 VE（Value Engineering）

VE（Value Engineering）[4] とは，製品やサービスの「価値」を，それが果たすべき「機能」とそのためにかける「コスト」との関係で把握し，決められた手順によって「価値」の向上をはかる方法である．すなわち，VE では，以下のように，機能とコストの関係から価値を追求する．

価値（Value）＝機能（Function）／コスト（Cost）

価値追求の形態としては，次の(1)～(4)の 4 つがある．

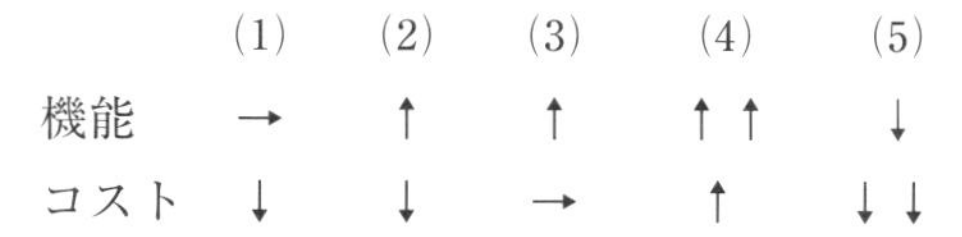

例えば，(1)の形態では，機能を維持しながら，コスト削減を実現することであり，(2)の形態では，機能を高めるとともにコストを削減することである．(3)の形態では，同じコストでより優れた機能を実現することであり，(4)の形態では，少しコストを要したとしても，さらに優れた機能を実現することである．

1.機能定義

構成要素	機能 名詞　動詞	制約条件	分類 基本　二次
スキャナ	原稿を読む		○
	紙を固定する		○

2.機能系統図

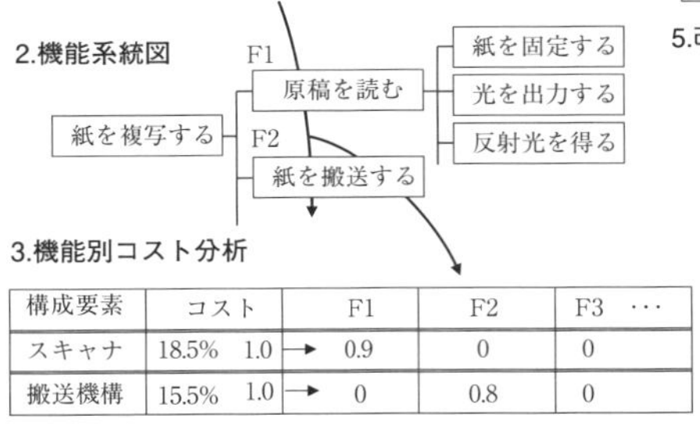

3.機能別コスト分析

構成要素	コスト		F1	F2	F3　・・・
スキャナ	18.5%	1.0 →	0.9	0	0
搬送機構	15.5%	1.0 →	0	0.8	0

4.対象分野の選定

	機能評価値 F	現行コスト C	価値の程度 F/C	コスト低減余地 C-F
F1	14.7%	16.7%	88%	2.0%
F2	10.5%	14.5%	72%	4.0%
F3	11.2%	12.5%	89%	1.3%
・・・	・・・	・・・	・・・	・・・

5.改善案

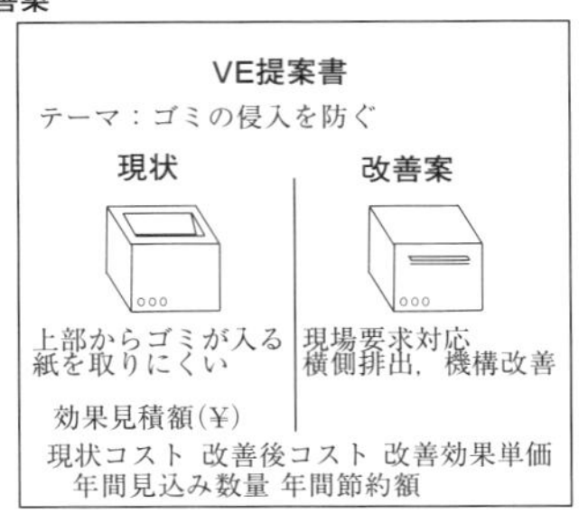

図表 2.5　VE の手順

ただし，(5)の形態はVEの考え方に含まれていない．

VEは，①機能定義，②機能評価，③代替案の作成の3つのステップからなる(図表2.5)．

(1)　機能定義

機能定義では，製品を構成要素ではなく，機能で捉えるようにする．例えば，複写機のスキャナという構成要素は，「原稿を読む」(名詞 + を，動詞 + する)機能と，「紙を固定する」機能などからなる．機能定義が終了したら，機能の整理として，機能を階層的に表現した機能系統図を作成する．機能系統図では，上位機能(目的)と下位機能(手段)の相互関係を定義する．そして，機能系統図の最上位の階層の1つ下の各階層が機能分野となり，それらを，F1，F2‥，F8などと記述する．

(2)　機能評価

機能別コスト分析では，機構別に割り付けた現状のコストを機能分野別に配賦し，これを C 値とする．次に，機能評価では，各機能分野の価値の程度を実績評価基準や機能重要度比較などの方法で決定し，全体の目標コストを定めるとともに，機能分野別に配分したものを F 値とする．対象分野の選定では，設定したＦ値とＣ値から，F/C，C−F を計算し，差の一番大きいものから順に，VE の着手順位とする．

(3) 代替案の作成

VE の取組み順位に基づいて，改善のアイデア出しを行う．VE の担当者が集まり，ブレインストーミングやブレインライティング，TRIZ などの手法を用いて，自由にアイデアを発想し，できるだけ多くのアイデアを提案する．概略評価では，経済性，技術性，日程などを考慮し，アイデアの比較や検討を行う．具体化では，概略評価で取り上げられたアイデアを具体的な改善案に練り上げ，詳細評価によって代替案を選択する．採用する改善案については VE 改善提案書にまとめ，設計に反映する．最後に，VE 活動の結果として改善の成果をまとめる．

VE を進める際には，次の質問を行う．1. テーマの選定(それは何か)，2. 情報の収集，3. 機能の定義(それは何をするものか)，4. 機能の整理，5. 機能の評価(そのコストはいくらか)，6. 改善の立案(ほかにその働きをするものはないか，その代替案のコストはいくらか)，7. 改善の実施，の手順である．

また VE では，構想・企画段階の VE をゼロルック VE(0 Look VE)，開発・設計段階の VE をファーストルック VE(1st Look VE)，資材調達や生産段階の VE をセカンドルック VE(2nd Look VE)という．

2.3.5 テアダウン

テアダウン(Tear down)は，リバースエンジニアリング，またはティアダウンと呼ばれ，競合他社の分析対象となる製品を分解して部品構成を調査し，機構，使用部品数，材質，強度，重量などの他，生産工程の推定，加工・組立の時間や費用の見積もり，部品や材料などの調達コスト，産地やサプライヤーの推定などを行うことである．テアダウンにより複数の製品を調査し，自社製品と比較することによってコストの構成割合の違いを把握することができる．他社の製品に対するコストの考え方，あるいは製品に使われる技術動向なども検討できるので，これらの情報から，コスト削減の要点や道筋を見出すことができる．複数の競合製品について，処理速度，消費電力，処理能力などの性能比較(ベンチマーク)や，分解で取り出した部品での性能比較も行われる．

2.3.6　原価企画

原価企画[5]とは，製品開発の初期段階からコストを作り込むことである．原価をできるだけ抑える活動を進めることで，開発期間の短縮や業務の効率化にも結びつく．1960年代にトヨタ自動車において原価維持・原価改善・原価企画の3つの活動の1つとして提案された．原価企画では，VEなどの手法が利用される．

原価企画は，第一に，原価の発生の源流に遡り，最小限のコストをめざす活動である．もう1つは，目標利益を達成する経営管理手法である．新製品の企画段階で目標となる利益と目標原価を設定し，これを達成させるための活動を行うことである．また，原価企画では，コストの達成状況を審査し，達成できるようであれば次の開発段階に進めるコストレビュー(Cost Review：CR)によって，設定した目標を達成する組織的な活動を行うことができるようになっている．さらに，資材などの購入情報をコストテーブルで持ち，製品開発で有効に活用する仕組みも構築される．

2.3.7　QFD(品質機能展開)

QFD(Quality Function Deployment：品質機能展開)[6]とは，品質を形成する職能ないし業務を目的と手段の関係で細部に展開する「狭義のQFD」と，顧客の要求を系統的に展開する「品質展開(Quality Deployment)」の総称である．

品質展開は，①企画品質・設計品質の設定，②サブシステム・部品展開，③工程展開の3つのステップからなる．

第1ステップは，顧客の要求を技術に対応づけ，顧客を満足させる製品の品質を確保することである．顧客の要求を「要求品質」として要求品質展開表に整理し，製品設計をするための技術を「品質特性」として品質特性展開表に整理する．この2つの展開表を二元表(マトリックス)にまとめたものを品質表という(図表2.6)．

品質表は，品質設計を行うための市場の要求内容と品質特性との関連を示した重要な表である．要求品質と品質特性の対応関係の強さを◎，○，△などで表して重要度を採点し，その結果をもとに製品の企画と製品を実現するための技術として，企画品質と設計品質を設定する．

第2ステップでは，設計品質を確保するために，製品に要求される品質と個々の部品に必要な品質特性とのつながりを明確にするための詳細化を行

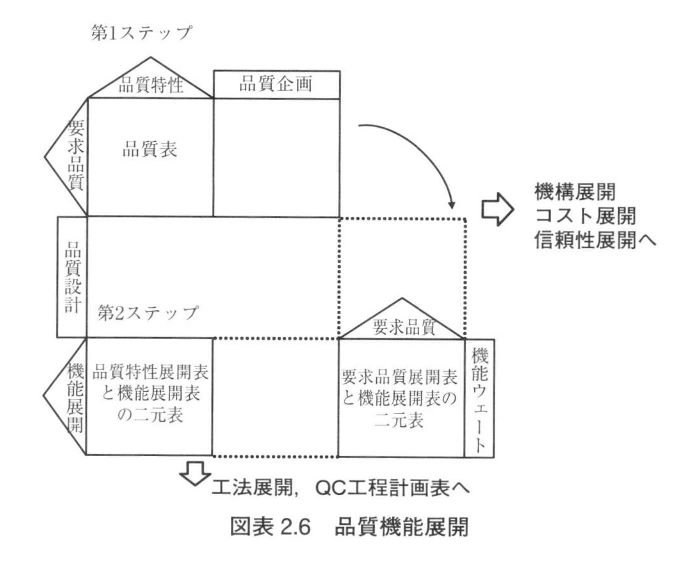

図表 2.6　品質機能展開

う．具体的には①技術展開(機能展開，機構展開)，②コスト展開，③信頼性展開を行って，サブシステム展開表や部品展開表を作成し，品質保証(Quality Assurance：QA)上の重点として製造部門に伝達する内容をQA表に設定する．

第3ステップは，品質展開の最終段階として，実際に製造する工程を設計することである．具体的には①工法展開，②QC工程計画表，③QC工程表，④作業標準表の作成である．品質展開のアプローチによって，顧客要求が設計から製造工程に至るまで品質を通じて系統的に結ぶことができる．

2.3.8　各種発想法

製品開発をするときには，できるだけたくさんのアイデアを出し，それらのアイデアの中からすぐれたものを製品に採用して，製品開発の成果を上げる活動を積極的に進めていく必要がある．アイデアを出すときの発想法[7]には，チェックリスト法，特性列挙法，欠点列挙法，形態分析法，KJ法的手法，ブレインストーミング法，ブレインライティング法などがある．

2.3.9　TRIZ

TRIZ[8]とは，旧ソビエト連邦で創出された発明的問題解決の理論(Theory of Inventive Problem)である．数多くの特許の中に現れる問題解決が40に分類され，「発明原理」として整理されている．例えば，No.1は「分割原理」であり，分けることを考える．No.2は「分離原理」であり，離すことを考える．すなわち，直面している課題を解決するためのヒントは，これら40の発明原理に含まれている．

2.3.10　シックスシグマ

1990年代後半に，米国モトローラ社が体系化した経営手法である．製造だけでなく，営業や企画などの業務にも適用されている．統計的な方法と品質管理を用いて，平均値μ，標準偏差σの正規分布に従う不良の発生状態について，不良の発生確率を100万分の3.4に抑える活動（6σとは，3.4ppmとなる片側規格の4.5σに，平均値のブレの1.5σを加えたもの）である．ブラックベルトという資格を有する人材が中心になり，シックスシグマの活動を行う．またグリーンベルトは，ブラックベルトを補佐する役割を担う．

ISO（国際標準化機構）は，2011年にシックスシグマを国際規格の1つとして採用することを発表し，ISO 13053-1,-2として制定した．さらに2015年には，グリーンベルト，ブラックベルト，マスターブラックベルトの資格の要件を規定したISO 18404（プロセス改善における定量的手法—シックスシグマ—）を発行した．日本のトヨタ生産方式やTQMを参考に米国で開発された改善手法は，国際規格となり，世界各国で広く活用されるようになった．

2.3.11　品質工学

品質工学[9]とは，市場に出てから発生するトラブルを主に開発・設計段階で低減する方法であり，広範囲な分野に適用できる技術である．田口玄一が考案したのでタグチメソッドとも呼ばれる．研究開発活動で用いるオフライン品質工学は，パラメータ設計において機能が示す効果と，消費者の使用条件や部材の劣化などの外乱による効果の変動との比（SN比）を機能性の評価尺度として，様々な外乱の影響を受けにくい条件をロバスト設計により見出す．生産活動の制御や管理で用いるオンライン品質工学は，製造コストと，消費者のもとで発生する故障や修理などの損失との合計が最小となる製造条件を損失関数により見出す．文字認識や，車の運転状況の総合判断，将来予測をパターン認識で行うMTシステムは，多次元空間の中で平均的なデータセットから構成される空間を単位空間としたときに，新規データセットが単位空間とどれだけ異なるのかをマハラノビスの距離などで示す方法である．近年では，設備の故障診断などに，SN 比の計算が容易な RT 法が注目されている．

2.3.12　信頼性工学

信頼性[10]とは，所定の条件のもと要求される機能を果たすことができる性質である．つまり故障の発生のしにくさを示している．信頼性では，故障率(Failure Rate)，平均故障間隔(Mean Time Between Failures：MTBF)，平均故障時間(Mean Time To Failures：MTTF)，平均修復時間(Mean Time To Repair：MTTR)，稼働率(Availability)などの指標が使われる．

故障する確率の分布はワイブル分布に従うことが知られており，ワイブル分布を仮定し，現象を分析することがワイブル解析である．リスクの評価については，故障になりそうな現象を列挙し，現象ごとに発生頻度や被害の大きさを調べる FMEA と故障の原因を分析する FTA が使われる．

2.3.13　FMEA・FTA

FMEA(Failure Mode and Effects Analysis：故障モードと影響解析)[11]は，開発製品の故障にかかわる問題を未然に防止するという解析手法である．FTA(Fault Tree Analysis：故障の木解析)は，製品の故障や，予防しなくてはならない重大な事故について，故障の可能性のある事象を階層的に下位に列挙するとともに，発生頻度や発生確率を計算する手法である．FMEA はボトムアップであるのに対し，FTA はトップダウンの方法である．

2.3.14　DFX

DFX(Design For X)とは，DFM(Design For Manufacture：製造容易性設計)，DFA(Design For Assembly：組立容易性設計)，DFE(Design For Environment：環境対応設計)，DFD(Design For Disassembly：分解容易性設計)，DFS(Design For Service：保守容易性設計)などの総称である．製品の設計段階で，製造容易性や組立容易性などの項目を考慮し，製品に反映することで，品質向上やコスト削減などの効果を最大にすることができる．

2.3.15　モジュール化

製品を構成する部品をいくつかの機能ごとにまとめ，機能ごとにまとめられたモジュールの組合せによって製品を構成することである．例えばパソコン産業は，性能が高く価格が安いモジュールを提供できる調達先と提携した組立型のビジネスモデルになっている．

一方，自動車産業などは，部品間の相互関係を調整する必要があるため，すり合わせ型のビジネスモデルになっている．しかしながら，最近では，すり合せ型ビジネスにおいても，構成部品をモジュール化することで共通部分を増やして，部品の調達コストを削減する活動が進められている．

2.3.16　情報基盤

図表2.1(p.29)は，CALS(Continuous Acquisition and Life-cycle Support & Commerce At Light Speed)の概念[12]の1つを示している．CALSは開発や調達などで得られた情報を，それ以降の運用・支援などで繰り返し活用するという考え方に基づく活動である．

CALSを支える情報技術には，文書一般の電子化とその交換のための規約として，文書の論理構造，意味構造を記述する言語である① SGML(Standard Generalized Mark-up Language)，マニュアルをコンピュータ上で検索利用するものとして② IETM(Interactive Electronic Technical Manual)，企業間の契約に基づき，特定の技術情報にアクセスでき，利用者に電子データを用いた情報交換環境を提供するサービスとして③ CITIS(Contractor Integrated Technical Information Service)，製品モデルや技術データの交換のための規約として④ STEP，ビジネスデータ交換の規約として⑤ EDIがある．日本では，1995年前後から2000年初頭にかけて数多くの実証事業が行われた．CALSの概念は，製品ライフサイクルの多くの局面でQCDを革新する概念として産業界に浸透した．

2.3.17　PDMからPLMへ

PDM(Product Data Management：プロダクトデータマネジメント)とは，製品に関する技術情報を一元管理し，ものづくりの源流である設計部門の業務改善をおこなうための戦略的な基盤システムである．製品に関する情報のすべてをデジタル化して，情報ネットワークで有機的に統合し，情報を共用化，再利用することにより革新的な業務の効率化と合理化を実現する．図表2.7にPDMの概要を示す．

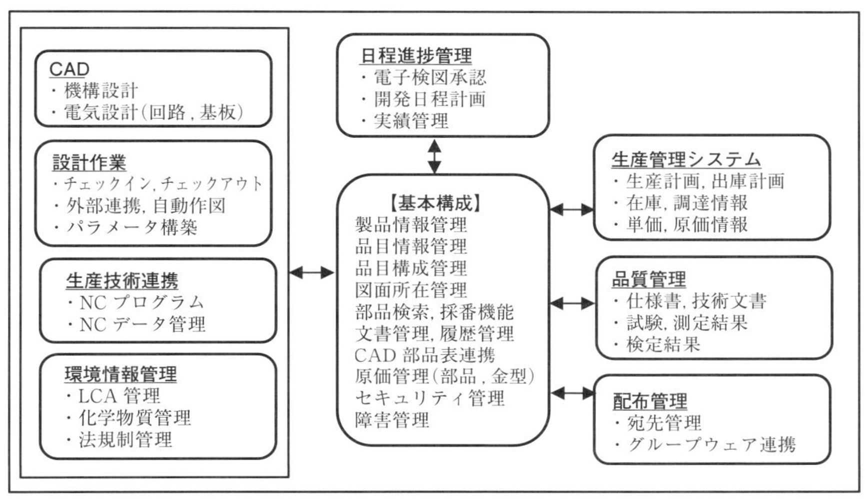

図表 2.7　PDM の概念図

PDM は，製品のライフサイクルを管理する PLM(Product Life-cycle Management：製品ライフサイクルマネジメント)として進化している[13]．PDM は製品設計で作成される CAD データや仕様書などの設計過程のドキュメントを管理することが中心であるが，PLM は製品のデータを企画から設計，生産，保守，廃棄に至る製品ライフサイクル全般にわたり一元的に管理することである．そのため，仕様書，設計書，図面，作業標準，マニュアル，記録のほか，品目の世代を管理するライフサイクル管理，設計承認プロセスや設計変更で使用されるワークフロー，組織に所属するユーザーを登録し，階層管理する機能が強化される．従来の PDM を中核とする PLM では，設計データの管理が中心であったが，最新の PLM では，設計業務手順をシステムに置き換え，業務効率の向上を図るようになっており，ERP の領域である業務の連携や統合もめざすようになっている．

ここで，製品ライフサイクル全般にわたるマスターデータの設計と管理が必要になる．一般に設計段階では，製品の構成を考慮する設計部品表(Engineering BOM：E-BOM)，生産段階では，工程表(ルーティング)やファントム構成品目を考慮した生産部品表(Manufacturing BOM：M-BOM)が使われる．そのほか，製品の見積もり段階で使う BOM として，実現可能な仕様とその組合せをコンフィギュレータに登録して管理する販売 BOM(ここでは，見積もりを強調するためにConfiguration BOM：C-BOMと呼ぶ)や，保守部品表(Service BOM：S-BOM)，購買部品表(Purchase BOM：P-BOM)などがある．これらのBOMを適切に連携させ，必要に応じて統合させながら，それぞれの目的に沿った業務を柔軟に運営することが重要である．

2.3.18　CAD

CAD(Computer Aided Design)は，コンピュータを利用して設計，製図を効率的に行う仕組みで，形状モデリング機能，製図機能，配置検討機能などからなる．二次元モデルは，平面図形の集合で表された図形モデルである．三次元の形状は，設計者の頭の中で形づくられ，立体的に表現されたモデル(図表2.8)になる．ワイヤーフレームモデルとは，三次元座標データをもとに多面体の頂点及び稜線によって記述された形状モデルで，CAD開発の当初から幅広く利用されている．サーフェスモデルとは，面の接続によって形状を表現するもので，実体を把握するにはどの面から見ているかについての情報を付加する必要がある．ソリッドモデルとは，直方体や円柱，球などの単純な形状モデルを数学的集合演算によって組み合わせることで形状を記述する．中身の詰まった三次元モデルとして表現される．動特性のシミュレーションによって干渉チェックが可能である．また，体積，重量，重心などの計算が容易であり，対象物の回転による陰影変化も捉えることができる．

昨今では，顧客の要望にきめ細かく対応するために，多仕様化や設計の微調整が増えている．これらに柔軟に対応するためには，作成図面の再利用の支援

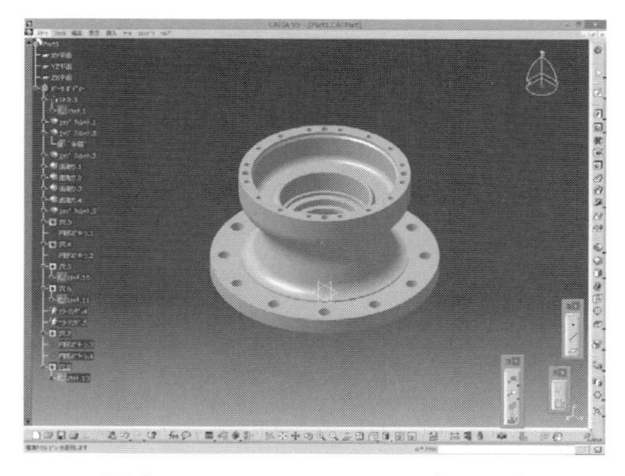

図表2.8　CADによるモデリング

と，類似する部品の設計を自動化するツールが求められる．検索機能の強化や，作業を自動化するマクロ，さらには定義集を外部の表計算ツールに持ちパラメータを外部から与えることによって，図面の再利用や自動作成ができるようになっている．

2.3.19　CAM/CAE

CAM(Computer Aided Manufacturing)は，加工，組立，検査，運搬を含めた製造における物的変換に伴うさまざまな機能についてコンピュータを用いて効率を上げることである．CAE(Computer Aided Engineering)は製品設計の段階で製品をモデル化して，強度，剛性などの品質特性や振動特性などをコンピュータで解析，評価することである．

2.3.20　光造形法と 3D プリンター

光造形法とは，光硬化樹脂を紫外線レーザーなどで一層ずつ硬化させ，積層させることによって目的の立体物を成形する方法である．プロトタイプやスケールモデルが素早くできることから，ラピッドプロトタイピング(積層造形法)の1つである．また3D プリンターにおいても，一般的に積層造形法が用いられる．積層造形法には，光造形法のほかに，熱可塑性樹脂を高温で溶かし積層する FDM 法(熱溶解積層法)，粉末の層を形成させ焼結や固着させる粉末法などがある．個別の仕様の製品を1つずつ製造する枠組みであることから，これらの方法はマス・カスタマイゼーションをめざすための技術として注目を浴びている．

2.4　資材調達・生産準備段階のマネジメント

資材調達・生産準備段階のマネジメントとは，開発・設計された製品を工場で生産するための準備の際に行われるマネジメントである．資材・購買管理は，工場で使用する資材のすべてを管理し，生産に必要な資材を確実に供給するための活動である．生産準備においては，生産形態と生産管理方式を決定し，工程を設計するとともに，生産に必要な設備，訓練された人材を用意し，量産試作を重ね，所定の品質，コスト，納期で製品を生産できるようにすることである．

2.4.1　資材調達

資材調達では，①資材調達基準，②調達コストの見積方法，③受入れ・検査方法などを決定し，④調達先の選定を行う．①資材調達基準には，購買の方針として内外策の考え方や2社購買，さらには経済的発注量(EOQ)などを考慮し，発注方式を決定する．②調達コストの見積りには，購入価格の検討，見積もり時の価格交渉，購買条件や購買方法の取り決め，さらには物流などの運送費も考慮する．具体的には，品目と仕様，数量，価格，発注時期と納期，発注サイクルをもとに，購買の条件や方法を決定する．購買条件には短期契約，長期契約，補充在庫，預かり在庫などがあり，購買方法には，当用買い，在庫品やMRP計算に基づく品目の取扱いなどがある．③受入れ・検査方法では，調達サイクル，一回当たりの発注量，輸送方法などから，工場内の受入れ方法や保管場所，検査方法を決定する．④調達先の選定については，立地，保有技術，取引関係などが重視される．購買契約には見積もり合わせ，随意契約，特命購買，競争入札などがある．

2.4.2　外注計画

外注とは製品に使われる材料や部品の加工・組立，さらにはAssy品(assembly(一式)の略．複数のパーツを組み合せた構成部品)の組立を外部の企業に依頼することであり，内製(内作)，外製(外作)を目的に合うよう最適な配分にする．外注を利用する目的は，①自社にない技術力や特殊設備を持っているため，②自社で作るよりもコストが安くなるため，③一時的な需要変動に対応するため，④協力企業の育成を含めた企業戦略のためなどがあげられる．製品のどの部品や工程をどの外注先に依頼するのかを，自社の能力，外注先の能力，調達価格などから総合的に勘案し，決定する必要がある．

2.4.3　生産形態と生産管理方式

(1)　生産形態

生産形態には標準的な製品を大量に生産する連続生産，多数の品種をもとにある数量単位に分割して生産するロット生産，顧客の仕様に基づき個別に生産する個別生産に分けられる．

① 連続生産：少品種の規格品を，長期的，連続的に大量に生産する場合に用いられる．定番となる製品を大量に生産するので製造工程をライン化

し，より効率的な生産が指向される．

② ロット生産：製品が多品種化する場合では，ロット生産が指向される．また，製品の売れ行きの変化によって需要に合わせた生産をするために，ロットの大きい製品とロットの小さい製品を混在させて生産ラインに投入する場合もある．また，親会社からの受注によって，ある一定数量の生産を継続的に行う場合には，ロットサイズや生産の連続性は，親会社の注文サイクルに依存することになる．

③ 個別生産：顧客から依頼を受けてから見積を行い，仕様を確定してから生産を行う受注生産などの場合に用いられる．大型の設備や建設機械，船舶などは，客先ごとに仕様が異なるのが一般的である．また，受注する製品が大型化すればするほど，工期が長く，さらに生産に携わる人も多くなる．

(2) MTS と MTO

見込み生産(Make to Stock：MTS)とは，製品を見込みで生産し，在庫として管理し，顧客の注文があったときに倉庫から製品を出荷する形態である．複数の顧客から継続的に安定した注文が得られる場合に採用される．一方，繰返し受注生産(Make to Order：MTO)とは，顧客から注文を受けてから生産計

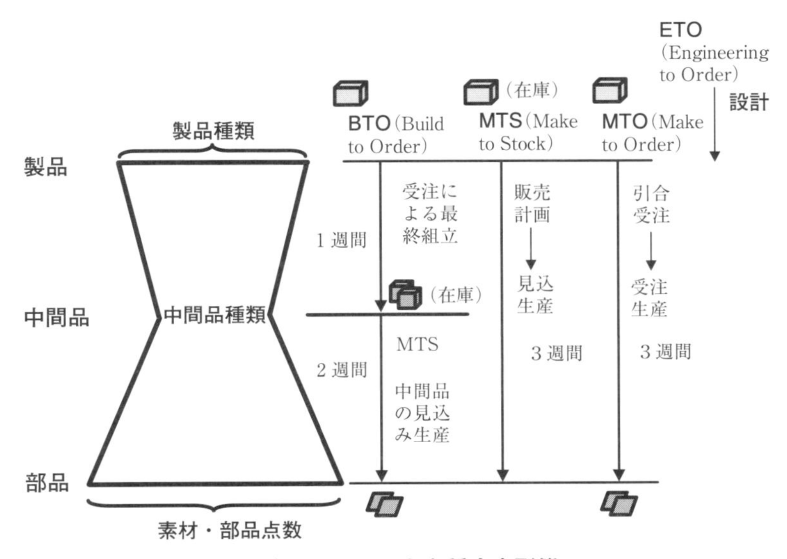

図表 2.9 BTO と各種生産形態

画を立案し，製品を生産する形態である．見込み生産では市場の変化によって製品が陳腐化し，死に在庫になる懸念がある．それに対して，注文を受けてから生産する受注生産では，顧客の要求納期に間に合わない問題が生じる．これに対処する方法として共通仕様となる中間品を見込みで生産して在庫で持ち，中間品の組合せで注文を受け，最終製品を短期間で組み立てるという部品中心生産(Build to Order：BTO)がある．

BTOは，デカップリングポイント(De-coupling Point)を中間品に設定し，顧客の要求納期を考慮しつつ，より受注生産に近い形態をめざしている(図表2.9)．CTO(Configuration to Order)は，顧客の要望に応じて仕様を組み合わせたり，一部の仕様をカスタマイズしたりして製品を構成する生産形態である．また，ETO(Engineering to Order)は，顧客から受注を受けてから設計を行う生産形態であり，個別受注生産，あるいは受注設計生産と呼ばれる．

(3)　生産管理方式

①　MRP方式

MRPは，基準生産計画(Master Production Schedule：MPS)を有効にかつ実行可能なものにするために資材計画と能力計画及び，その同期化と管理が結合された生産方式である．MRPは，時間をタイムバケットと呼ばれるある単位(日，週など)で区切って取り扱い，また特急注文などの割込みなどを許さない期間をタイムフェンスとして計画や管理をするものである．MRPは，ほとんどのERP(Enterprise Resource Planning)に採用されている．

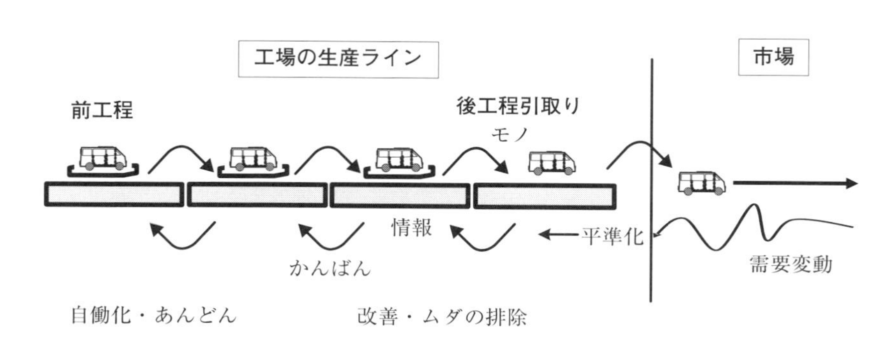

図表2.10　後工程引取り

② JIT 生産方式

JIT(Just In Time：ジャストインタイム)とは，トヨタ生産システムとも呼ばれ，必要なものを必要なときに，必要な量だけ生産する生産方式である．JIT の最大の特徴は，後工程から引き取りで生産する生産方式である点である．トヨタ生産方式は，日本からアメリカに紹介され，NPS やリーン生産方式と呼ばれ，海外で広く知られている(図表 2.10)．

③ 製番管理方式

製番とは製造番号の略であり，生産計画を展開する際に，製品の加工や組立にかかわるすべての指示書に，同一の製造番号をつけて管理を行う方式である．個別生産や小ロット生産の場合で用いられる．トヨタでは，当初，ジャストインタイムの定着に向けて，号口管理を採用していた．1 つの号口の車両に使用する部品にもすべて同じ号口番号を付与し，生産進捗も号口単位で推進した．例えば車両 5 台を 1 つの号口として第 1 号口，第 2 号口というように生産の進行を管理することにより，各号口がどの工程にあるかをすぐに把握できるようにした．中島飛行機では，何かトラブルが起きると人命にかかわるので，一機ごとに管理する号機管理(追番管理)が行われていた．このように，号機管理や製番管理方式は，規格大量生産に移行する前の生産管理方式としてきわめて有効に機能した．製番管理方式は，製品構造の複雑化と MRP の利用拡大により注目されなくなったが，E.M. Goldratt は，資材調達計画とスケジュールの間に矛盾が起きないように負荷調整するためには，製品の生産オーダーと部品調達オーダーの間に紐づけが必要とした．このため，現在の多くのスケジューラのデータ構造は，製番管理方式の構造を採用している．

④ TOC

TOC の初期段階では，生産スケジューリングの OPT として 1978 年に発展し，1986 年には生産の計画管理，継続的改善の方法として DBR となった．その後，企業の経営管理全般に及ぶ体系である TOC(Theory of Constraints)に進化した．工場における制約条件の理論[14]は，5 つのステップで展開される．

1. ボトルネックを見つける．
2. ボトルネックを活用する．
3. その他の資源をボトルネックに同期化させる．

4. ボトルネックの能力を高めていく．
5. 思いこみを排除し，1から繰り返す．

ボトルネックの前にバッファをおいて，ドラム・バッファー・ロープ(Drum-Buffer-Rope)で前工程と連携をとる．

TOCは，制約資源の認知と活用のほかに，思考プロセス，成果測定方法，クリティカル・チェーンが提案されており，製造企業に関係する多くの人達に利用されている．1984年に発行されたE.M. Goldrattの著書 "The Goal"[15] は，ある機械メーカーが復活していく姿が小説風に記述されており，世界中でベストセラーとなった．日本では2001年頃から取組みが広がり，APS(Advanced Planning and Scheduling)の導入[16]が進むようになった．

2.4.4　生産工程の設計

(1)　工程編成

生産現場の工程編成には，P-Q(Product-Quality)分析を用いて，生産量と製品品種の関係から編成方法を決定する．製品品種が少なく生産量が多い場合には製品別編成(ライン生産)が適しており，品種が多く生産量が少ない場合は機能別編成が適している．また，個別生産で行う固定式の編成は，生産数が1つの場合や，大型製品で移動コストが高額になる場合に用いられる．

①　ライン編成

ライン編成は製品を生産する順番に設備を並べるフローショップレイアウトであり，工程および工程間の移動はコンベヤ，天井クレーンなどによる吊り下げ式，あるいは手送り方式が採用される．ラインを編成するときは，製品を完成させるために必要な一連の作業を図表2.11のように複数の工程に分割する．分割の際には，生産を行うための作業のまとまりを考慮しながら，各工程ができるだけ同じ時間になるように分割していく．これをラインバランシングとい

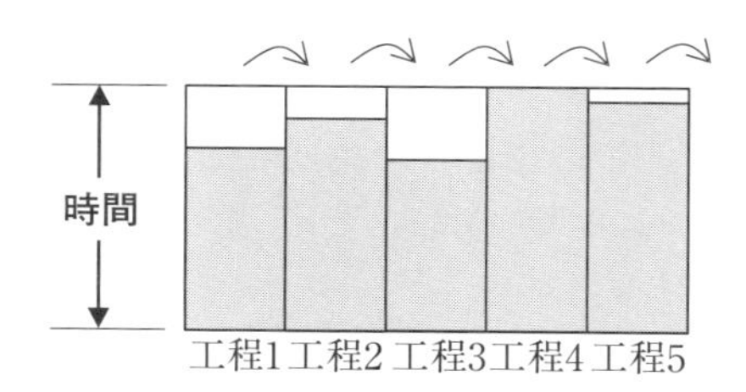

図表2.11　ラインの編成

う．ただしまったく同じ時間になるように工程を分割することはできないので，分割された工程の時間を比較すると差異が生じている．

サイクルタイム（ピッチタイム）とは，生産ラインに資材を投入する時間間隔（JIS Z 8141：2001）をいう．最終工程から生産が送り出される時間の間隔を示したものであり，次の式で求めることができる．

サイクルタイム ＝ 正味稼動時間／生産量

ここで，不良が見込まれる場合には，生産量は，推定不良率を見込んだ生産数量でなければならない．理論上の工程数は，以下の式で求める．

理論上の工程数 ＝ 総作業時間／サイクルタイム

各工程に割り付けた要素作業の合計時間の一番大きな工程をネック工程と呼び，その工程の時間をネックタイムという．ネックタイムはサイクルタイムを超えることはない．編成効率はライン全体の能力を分母として，次式で求められる．

編成効率 ＝ 総作業時間 ÷（ネックタイム × 工程数）

ライン全体の能力に対する各工程の手待ち時間の合計の割合をバランスロスといい，次式で求められる．

バランスロス ＝ 各工程の手待ち時間の合計 ÷（ネックタイム × 工程数）
＝ 1－ 編成効率

総作業時間に対するライン全体の能力の割合を組余裕率といい，次式で求められる．

組余裕率 ＝ 各工程の手待ち時間の合計 ÷ 総作業時間

ライン編成は単一製品だけでなく，ロット単位での複数製品の生産，複数の機種を一台ずつ生産する混流生産により多品種対応が進んでいる．また，各工程でさまざまな生産設備を使い，かつそれぞれの生産設備が大がかりになる場合，さらには生産する部品や仕掛品が大きく，重量物である場合には，基本的にライン編成の採用を考えるようにする．

②　機能別編成

同じ種類の機械設備や作業を中心に工程を編成する方式で，それぞれを必要に応じてグループ化するジョブショップレイアウトが用いられる．例えば機械設備では旋盤，研磨機，作業では塗装，溶接，機械加工などにグループ化する．生産はあるロットを単位とし，グループ間やグループ内をパレット単位で移動する方式がとられる．

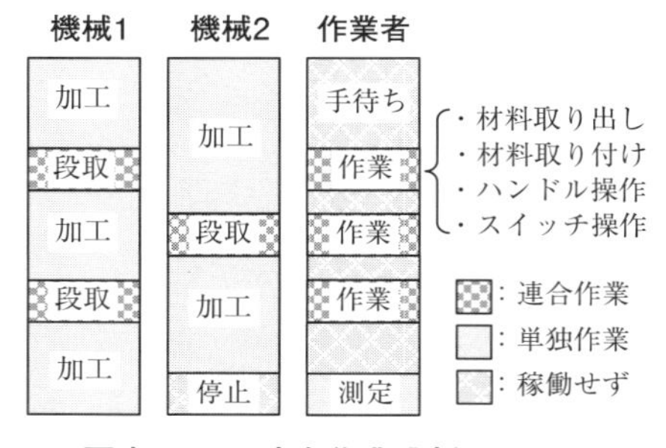

図表 2.12　連合作業分析

機械を担当する作業者は，自動機であれば，機械が稼働中に他の機械の段取り替えができるので，一人で複数台(多台持ち)を担当することが可能になる．さらに各工程の機械による作業時間が短い場合には，工程1を機械A，工程2を機械Bとし，機械Aと機械Bの間の段取りにロボットを使うことによって，まとまった作業者のあき時間を確保することができる．このあき時間を利用して他の機械の段取りを行うことができる．作業者の手待ち時間を減らし，機械と作業者の稼働率を高めるようにするために，図表2.12に示す連合作業分析(人－機械)を用いるようにする．

③　組立セル

ラインを用いずに一人または複数の作業者が1つの製品を作り上げる方式である．屋台方式や，工程をU字型，L字型に配置したものがある．U字ライン(図表2.13)とは，初工程から最終工程に向かってU字型に工程を配置した生産ラインである．U字ラインは，入口と出口が近い位置になるので，完成品を運ぶためのムダな移動が発生しない．

組立セルは，図表2.14に示すように一般に一人完結の組立セル，分割セル，巡回セルの3つに分けられる．一人完結の組立セルは，一人の作業者が生産を完結させる方式である．屋台の台数を増やしていくことによって，生産量の変動に対応する．分割セルはU字ラインの複数工程を分割し，分業生産を行う．生産量の変動には工程分割を変更することにより対応する．巡回セルは，分業をせず多工程持ちによって1個づくりを進めていくことをいう．生産量の変動には，作業者の人数を調整することにより対応する．

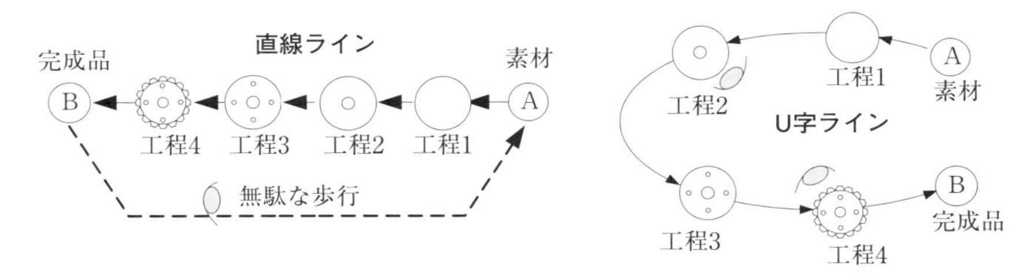

図表 2.13　直線ラインと U 字ライン

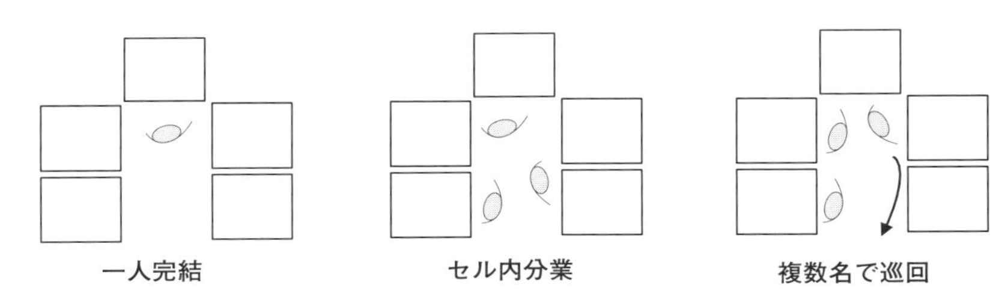

図表 2.14　組立セルの形式

(2)　工程分析

工程分析とは，工程または，作業サイクルを仕事の流れに沿って分類・分析し，最適な仕事の流れを決定することである．工程分析においては，図表 2.15 に示す工程図記号を用いて，工程分析図(プロセスチャート)により，作業の発生順序や使用する部品との関係を設定する．オペレーション・プロセス・チャート(図表 2.16)は，資材や部品がどのような個所で工程に流れ込むかを示しており，加工(作業)および検査に注目した分析である．それに対して，フロー・プロセス・チャート(図表 2.17，p.59)は，資材や部品から製品に至る過程を詳細に示したものであり，加工(作業)および検査に加え，運搬，停滞までを含めた作業者工程分析と，さらに貯蔵までを含めた製品工程分析がある．

機能別編成の場合には，図表 2.18(p.59)に示すように，流れ線図を用いて部品を加工するための経路を記述し，全体の機械の配置や動線を分析する．また，加工経路の違う複数の製品がある場合は，多品種工程分析により，類似のグループにまとめるようにする．

図表 2.15 工程図記号

工程	記号	内容
加工(作業) (Operation)	○	作業目的に従い，物理的・科学的な変化を受ける過程を表す
運搬 (Transportation)	⇨	ある位置から，他の位置へ移動される過程を表す
検査 (Inspection)	□	測定し，その結果を基準と比較して合否，適否を判定する過程を表す
停滞 (Delay)	D	加工または検査されず，計画に反して滞っている状態を表す
貯蔵 (Storage)	▽	計画的に貯蔵している状態を表す

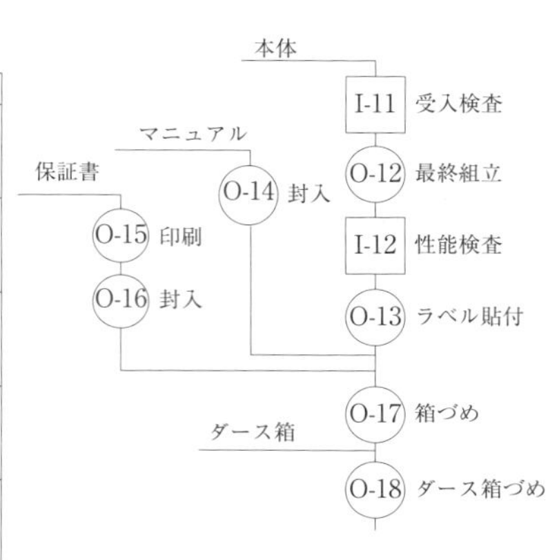

図表 2.16 オペレーション・プロセス・チャートの例

(3) 生産工程の準備

生産工程の準備とは，生産の各工程において稼働開始日から確実な生産ができる状態に準備することである．設備の試運転や調整，NC プログラムの確認，治具及び工具の準備，ラインの設置と調整，検査装置の稼働確認，工程ごとに使う生産情報システムの準備とテストなどがある．さらに，生産工程で働く人員を確保し，生産のために必要な教育訓練を行う．そして量産のための最終試作を行って，品質保証項目の最終確認を行う．

安定した工程を実現するために，工程の能力を定量的に評価する指標として工程能力指数がある．平均を μ，上側規格限界を U，下側規格限界を L とするとき，工程能力指数 C_p は，$(U-L)/6\sigma$ であり，C_{pk} は，$(U-\mu)/3\sigma$ と $(\mu-L)/3\sigma$ の小さい方を使用する．C_p は平均値が規格幅の中心にあることが望ましいが，C_{pk} は平均の偏りが考慮される．$C_p=1$ のとき，3σ で不良率は 0.27 となるが，実際の生産工程では $\pm1\sigma$ を加えて 1.33 以上が望ましいとされている．

2.5 生産段階のマネジメント

2.5.1 生産管理の諸機能

(1) 生産管理の目的

生産管理の目的は，顧客や市場の要求する品質の製品を整えるとともに，要

図表 2.17　フロー・プロセス・チャートの例

作成者		承認者		ページ	1/1
調査日		承認年月日		図表タイプ	
品名		工程名		備考	
品番		生産量			
図番		コスト			

	工程内容	加工	運搬	検査	停滞	貯蔵	距離(m)	加工時間	運搬時間	検査時間	停滞時間	貯蔵時間	問題点	改善点
1	部品倉庫でストック					●	−	−	−	−	−	−		
2	旋盤へ移動		●				6.3		0.10					
3	旋盤・ねじ切り	●					−	1.82						
4	継手に取り付け	●					−	0.78						
5	溶接場へ移動		●				4.4		0.07					
6	加工待ち				●		−				35.00			
7	溶接	●					−	3.56						
8	芯出し場へ移動		●				1.5		0.02					
9	ヤスリかけ・芯出し	●					−	1.67						
10	検査			●			−			1.31				
11	再芯出し	●					−	1.52						
12	仕上げ・組立へ		●				10.5		0.16					

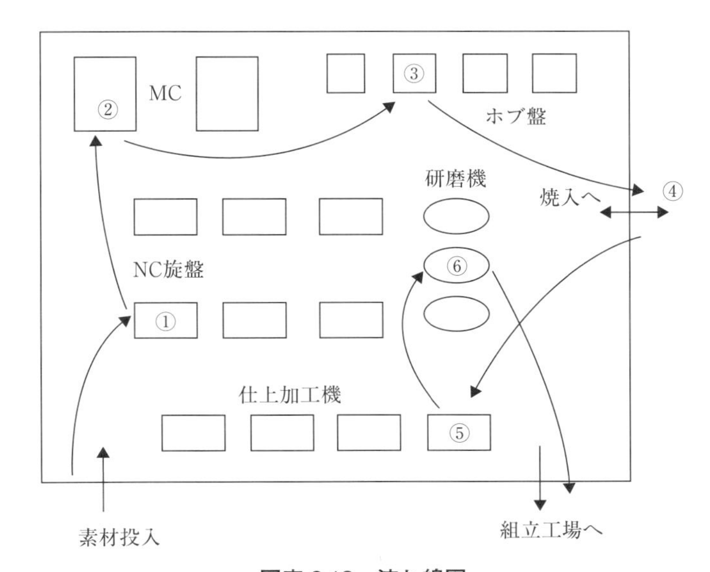

図表 2.18　流れ線図

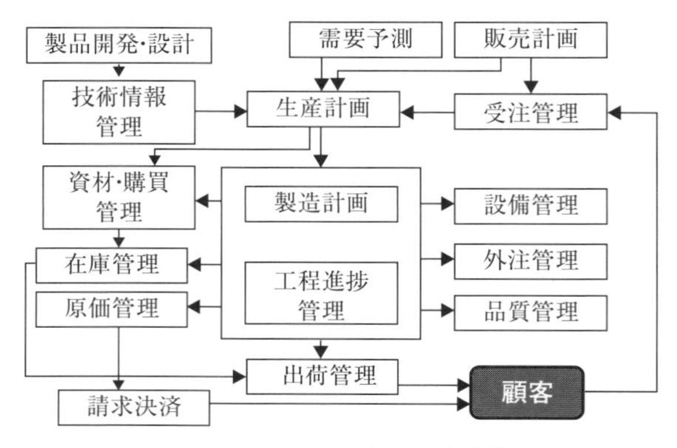

図表 2.19　生産管理の諸機能

求する時期に，要求する数量を，適切な価格で提供することである．そのためには，企業の経営資源(ヒト，モノ，カネ，情報)を十分に活用し，その能力を有効に発揮しなければならない．

一般に生産の 4M とは，人(Man)，機械(Machine)，原材料(Material)，方法(Method)であり，生産管理は，これらの諸要素の能力を計画し，生産を実行し，それを統制する活動であり，総合的に能力を調整することによって，全体の能力を高めることである．

生産管理には，広義の生産管理と狭義の生産管理がある．広義の生産管理では，経営的観点からみた諸機能が含まれる．狭義の生産管理は，工場の工程管理が中心的な働きである．また，生産管理の主要な諸機能(図表 2.19)には，工程管理のほか，在庫管理，資材・購買管理，品質管理，原価管理，設備管理，外注管理があげられ，総合的な管理が実施される．

(2)　生産管理の個別機能

①　**技術情報管理**：生産部品表，部品構成表，図面，仕様・条件，使用機械，治工具，プログラム，製造要領，品質保証項目などの技術情報を管理する．

②　**受注管理**：顧客からの受注を管理する．見積対応，仕様の明確化，納期回答，受注処理，オプションの追加や確定，顧客による設計変更，納期変更への対応などを行う．さらに，営業と工場で分担し，納品までの管理を行うとともに，受注までの情報を顧客の維持と履歴に関する管理業務に引き継ぐ．

③　**生産計画**：生産計画とは，工場における生産活動の時間の流れや，ものの

動きを管理するための目標や基準を決める諸活動であり，手順計画，工数計画，日程計画，材料計画，外注計画が含まれる．ただし広義の生産計画は，経営計画の一環として，利益計画や販売計画と連動して，生産品種，数量，時期などの概要を設定し，操業度計画，プロダクトミックス，在庫計画などの業務の目標を決めることをいう．

④　**製造計画・工程進捗管理**：製造現場に指示する小日程レベルの計画と，生産工程の管理，すなわち生産の進捗管理などの生産統制機能が含まれる．

⑤　**資材・購買管理**：資材の購買と受入れに関する日々の管理を行う．在庫政策に基づく発注，受入れ検査，伝票処理などの業務が確実に実施されるように管理する．

⑥　**在庫管理**：購買受入れ，外注先への支給，他工程や外注からの受入れ，工場間移動，出荷などによって，変動する材料，仕掛品，製品などの在庫を日々管理する．

⑦　**原価管理**：材料などの取引きや生産などによって集計される材料費，直接労務費，製造間接費，減価償却費などの管理を行う．

⑧　**外注管理**：決められた品質の部品が，決められた期日までに外注から納入されているかを管理する．必要があれば外注先に出向いて生産の状況や，依頼した部品の仕様や生産方法，検査記録の確認を行い，問題があればそれを解決する．

⑨　**設備管理**：設備の日常点検，定期点検，補修や部品交換などを行い，生産に使われる設備が常に正常に稼働できる状態になるよう管理する．

⑩　**品質管理**：部品や製品の品質が，規格どおりになっているかを監視し，問題があれば必要な措置を行う．

⑪　**出荷管理**：製品の梱包，配送手配，出荷を行う．納品後は，営業・経理部門へ決済情報を転送する．顧客別の販売情報を登録し，製品の販売履歴の整備を行う．

2.5.2　FA ／ CIM ／ FMS

コンピュータによる統合生産システム[17]は，1980年代前半から急速に発展し，FA(Factory Automation)やCIM(Computer Integrated Manufacturing：コンピュータ支援による統合生産)による生産システムの自動化が目覚ましく進展した．CIMとは，製造業における技術，生産，販売の諸機能を，経営戦略のもとに統合する情報システムである.

FMS (Flexible Manufacturing System：フレキシブル生産システム)は，CIMを支える重要なハードウェアシステムである．その要素は，記憶したデジタルデータで機械の制御を行うNC工作機械(数値制御：Numerical Control)である．マシニングセンター(Machining Center：MC)は，自動工具交換装置(Automatic Tool Changer：ATC)により，一度の段取りで箱形部品に対して，フライス加工，中ぐり，穴あけ，ねじ立てなどを自動処理する数値制御の複合工作機械である．ターニングセンター(Turning Center：TC)は，円筒部品に対する加工機械である(図表2.20)．次に，FMSのソフトウェアの機能を示す.

① モニタリング：FMSのフロアレイアウトをグラフィックで表示し，工作機械や無人搬送車(Automatic Guided Vehicle：AGV)の稼働状況をリアルタイムでモニタリングする．ストッカや段取りステーションにあるパレットの段取り状態や，部品の加工状態が色別に表示され，簡単に識別できるようになっている.

② ワーク情報管理：システムで加工するワークについて，加工の手順を設定することができる．加工手順とは加工の渡りや各工程で使用する機械，工程間の段取り替えの有無などをさす.

③ スケジュール管理：加工する予定のワークについて，スケジュールを入力することにより，FMSが自動的に優先度を考慮した工程の進捗を管理する．特急品の加工の場合には，優先度を高く設定することで容易に対応できる．同種のワーク群を1つのロットとして取り扱い，ロットごとの生

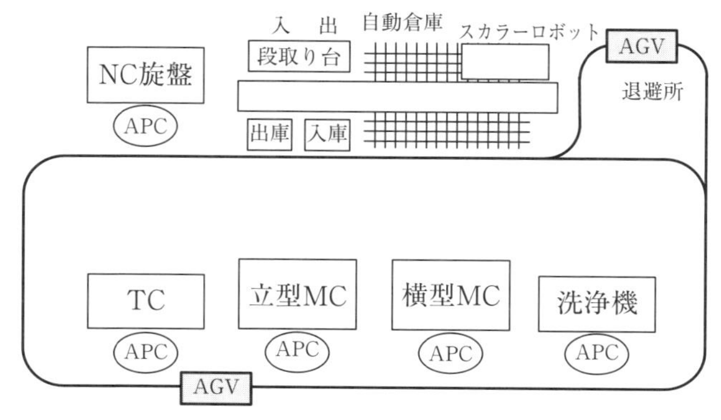

図表2.20　FMSのレイアウト(例)

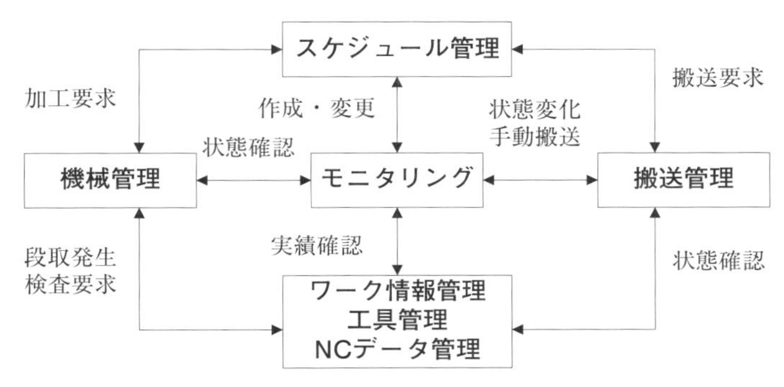

図表 2.21　制御される要素の関係

産進捗状況，各工作機械の負荷をグラフで表示する．

④　機械管理：サイクルスタートの自動と手動の設定，機械をシステムから切り離すオフライン操作，同一仕様の機械が複数ある場合には，空いている機械にパレットを搬送する．

⑤　搬送管理：搬送先の装置が異常な状態になった場合に，AGV が止まらないようにリカバリーを行う．緊急加工では，AGV にパレットの搬送を直接指示できる．AGV から，機械への部品投入は，自動パレット交換装置（Automatic Palet Changer：APC）が使われる．

⑥　NC データ管理：NC 管理を行うコンピュータを設置し，NC 工作機械のメモリを更新するダウンロードを行う．

⑦　工具管理：各機械の工具マガジンにある工具の名前や状態を表示する．NC プログラムで使用する工具一覧をファイルで管理する．図表 2.21 に制御される要素の関係を示す．

2.6　流通・販売段階のマネジメント

流通・販売段階のマネジメントでは，目標の売上や利益が達成できる営業や販売，流通に関する活動を行う．広告・宣伝や自社ホームページの充実，製品や技術の展示会への出展，社会活動や地域活動への参加，技術雑誌への投稿，学協会への参画，公開セミナーの開催，スポンサー契約，研究者への資金提供などにより，自社や自社製品の認知度を高める活動を行う．また，B to B，B to C により，マーケティングの考え方や進め方が異なっている．

2.6.1　B to B

B to B(Business to Business)とは，企業が別の企業に向けて事業を行うことであり，完成品を製造するメーカーに対して，完成品を構成するために必要な部品などを製造し，販売する企業間の取引きを示している．受注企業は，完成品メーカーから製品の一部となる部品調達に関する依頼があり，顧客の要求する仕様をもとに，提供する部品の仕様や価格，納品条件を打合せにより決定し，その取り決めに基づき，部品を供給する．依頼企業から図面や工具，工作機械のプログラムが提供され，それらに基づいて生産する場合もある．取引対象となるメーカー，そのメーカーが製造する完成品を利用するメーカー，または最終消費者が存在し，取引対象となるメーカーを通じて利用者のニーズを把握する場合も多い．

2.6.2　B to C

B to C(Business to Consumer)とは，企業が消費者に向けて事業を行うことであり，消費者に提供する製品を製造・販売する企業と，それらの製品を商品として購入する消費者との間の取引きを示している．一般に販売対象となる市場の顧客を予想し，製品を見込みで生産し，販売する方法が多い．販売にあたっては卸や小売などの流通チャネルの利用によって，製品の販売を委託する．また，メーカーが経営する直営店での販売もある．

2.6.3　販売計画

見込み生産の場合は，過去の売り上げ実績と，今後の売り上げの見通しから製品種類ごとに販売時期と数量を計画する．受注生産の場合は，受注先企業との打合せから，今後の受注の見通しなどを把握し，販売計画に反映させる．

2.6.4　需要予測

需要変動には，需要は確実だが変動する，需要が不確実だが平均は安定している，需要が不確定でトレンドも変化するなどの場合がある．また，需要予測の方法には，移動平均法，指数平滑法，AR(自己回帰)モデルなどがある．

移動平均法は，一定の区間(期間)を定め，範囲をずらしながら平均をとる手法である．需要の傾向の変化や，不規則な変動要素の影響を除いた推移を探り，近い将来の予測に役立てる．指数平滑法は，現在に近い実績値ほど指数関数的に重みを大きくするために，平滑化定数を用いて加重移動平均をとる方法である．需要予測を取り入れることによって，販売実績をもとに生産計画を立案するのではなく，販売実績から需要を予測し，予測した結果に基づき，生産計画を立案できるようになる．カニバリゼーション(共食い)を考慮する場合は，単品を集めたカテゴリを用いて予測し，単品予測との差異を検討する．

2.6.5　ABM(Account Based Marketing)

ITの活用によって自社にとって価値の高い特定の企業をアカウントとして選定し，ターゲットとなる組織の重要人物を特定してメッセージの提供やキャンペーンの実施により，最適なマーケティングを実現する方法としてABM(Account Based Marketing)がある．特定したアカウントから，企業の顧客生涯価値(Life Time Value：LTV)を考慮し，企業対企業という観点で企業内部のニーズの把握や，顧客の問題解決に役立つヒントを提供することで，関係構築を図り，ターゲットからの売り上げの最大化をめざすものである．

2.6.6　製品見積り

B to Bのビジネスを展開する際には，取引きの可能性のある企業への販売活動に必要な製品見積もりと，製品の問合せに対する製品見積もり，さらには取引きが継続している得意先に対する製品見積もりがある．依頼者の要望に対して，適切な見積もり金額を提示する必要がある．使用する材料費，生産にかかわる工数を算出し，それに事務手数料と利益を加えた見積書を提示する．

2.6.7　販売支援

製品に対する引き合いがあった場合には，技術者が営業担当者に動向してお客を訪問し，営業が知らない製品に関する技術的な質問に対して，技術者の立場から具体的に説明し，営業活動を支援するようにする．

2.6.8　出荷計画

出荷計画は，納期から配送リードタイムを考慮した日程で立案する．また，納品先の受入れ時間に細かな指定がある場合もある．梱包，荷姿，寸法，重量，取扱い方法などをもとに，他の出荷される製品との組合せを考慮する計画を立案する．

2.6.9　物的流通

材料の調達や外注の利用，製品の顧客への納入に対し，物流業務が発生する．物流には，トラック便，鉄道便，船便，飛行機便が利用される．物流の計画にあたっては，単位期間あたりの配送頻度と輸送量，貨物量の物理的な取扱い単位によって，適切な生産ロットサイズ，配送頻度を決定する．一定期間に配送すべき貨物量が輸送最低単位に満たない場合には，共同配送を検討する．また帰り便を利用して，生産に使用する原材料や資材を効率的に運搬することを検討する．

2.6.10　現地での据え付け，設置

指定期日，指定箇所に製品を納入する．①製品の納入について，立ち合いの場合は数量の確認や品質確認などに関する納入検査を受ける．物流業者に委託する場合は荷物の受入れをお願いし，後日，設置のために伺う．②設備設置については，指定された場所への据え付けと試運転，移動に伴って不具合が発生していないかを含めた製品の品質確認を行い，操作方法やアフターサービスに関する説明を行う．

2.7　アフターサービス段階のマネジメント

2.7.1　アフターサービスの体系

アフターサービス段階は，図表2.1(p.29)の保守・運用，製品支援が業務の中心となる．製品の構成部品は数十から，ときには数万点にも及び，それらの品目と構成データを管理するとともに，出荷した製品が故障した際に，故障した部品を特定し，購入者がその製品を引き続き，購入当初に設定した目的で使用し続けられるように交換，修理する必要がある．

保守部品には，自社内の生産で賄うことができるもの，購買品や外注品として部品メーカーに依頼するものがあり，これらの保守部品を図表2.22で示すように，体系的に配置されたパーツセンターやデポなどに必要数を在庫し，できるだけ顧客の所在地に最も近いデポから保守サービスを行えるようにする．

新製品開発に伴う製品の移行や，製品で使用している構成部品の枯渇によって，供給すべき部品を絶やさないように体系的な管理体制の構築が必要である．このためには，保守部品を管理するデータベース，サプライチェーン間の

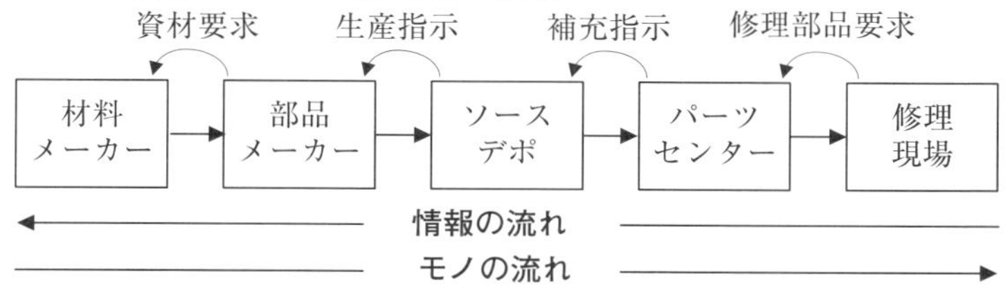

図表 2.22　保守部品のサプライチェーン

保守部品の管理が基本となる．

さらに，故障しやすい部品，定期交換部品，重要保安部品などをもとに，需要情報の把握ができる仕組みを構築する．また，製品のすべての部品を在庫することはできないので，その場合は，能力で保有する．能力で保有するとは，必要なときに必要な数量をいつでも製造できる体制を整えることであり，そのためには，材料諸元，発注先，製造担当，製造検査方法，図面，仕様などがすぐにわかるようにデータを整え，データベースで管理すること，保守部門がそれらを運営管理し，保守部品を適切に製造できる体制を構築することが求められる．

製品支援については，納品した製品が顧客の使用目的を達成でき，さらには，製品本来の機能が発揮できるようにするために，製品の使い方や拡張方法などの技術指導を行い，顧客のものづくりが効果的・効率的になるような製品支援サービスを展開するようにする．

2.7.2　提供するアフターサービス

① 保守サービスの設定：ユーザーの使用環境，使用方法，使用頻度などの運用状況によってサービス内容を立案し，それを顧客に提案する．定期点検や部品の予防交換などを含んだフルサービスの保守契約から，故障があったときに依頼に基づき修理するスポット契約などのサービスメニュー，さらには教育・製品支援方法などを体系化し，顧客が有する製品の運用状況によって，適切な契約をするように顧客に勧めるようにする．

② 保守サービスの体制：保守サービスを提供するための拠点の計画，拠点におけるサービス提供者の確保，保守にかかわる教育を実施し，設定した保守サービスを確実に提供できる体制を整える．

③　保守サービスの委託：サービス拠点が複数必要になる場合や，常駐して運用を支援する場合には，自社の保有する経営資源だけでは対応できないことがある．そのような場合には，保守サービスの委託が可能な現地企業と契約し，保守サービスの代行を依頼する．

④　サービスパーツの管理：製品のラインナップやモデルチェンジによって，保守対象となる部品点数が大幅に増える可能性がある．どの顧客にどの型式の製品が供給され，その製品にどの部品が使われているのかをすべて管理するとともに，需要予測に基づいて交換用の部品を生産して，適切な数量のサービスパーツを在庫する必要がある．在庫管理については，パーツセンターやデポを含めたすべての在庫を考慮するとともに，どこで何をいくつ作れるかという能力情報を適切に管理し，修理部品を確実に提供できるようにする（図表2.22）．

2.7.3　アフターサービスの業務

(1)　業務運営

保守部品の管理方法の決定，部品の生産にかかわる情報管理，在庫管理，顧客から要求のあった保守部品の用意と顧客への発送，請求と決済などの業務を運営する．また，業務を遂行する過程で，客先との連絡，応対の内容，部品交換，修理記録を蓄積するようにする．

(2)　交換部品の現地への供給

顧客から要求のあった交換部品をできるだけ迅速に提供する．そのためには故障頻度の高い部品を現地に在庫しておくとともに，顧客へのサービス履歴をもとに，交換頻度の高いサービスパーツを消耗品とともに各拠点に定期的に供給するなどの対策が必要である．

(3)　クレーム管理

クレーム管理では，クレームへの日々の対処方法の確立と，クレームの未然防止に結び付く仕組みを構築する．顧客から発生したクレームに素早く対応するとともに，各拠点で対応できない問題についてはすぐに本社に連絡し，迅速な対応を行うようにする．同時に，各拠点に集まったクレーム情報を定期的に収集し，過去のサービス記録とともに蓄積するようにする．そして，蓄積されたデータを総合的に分析し，顧客対応方法の改善や後続の製品開発で有効に活用するようにする．

(4) 遠隔地からの保守

遠隔保守として，納入した製品をインターネットに接続し，クラウド経由で製品の稼働状況を監視するサービスや，故障したシステムの状況を遠隔地から確認しながら，利用者との対話によって復旧を支援するサービスがある．現在ではIoTの進展により，製品の構成品や部品の状態を多点監視し，故障が発生する前に，部品の交換を勧めたり，故障が発生した際に素早く対応したりできるようになっている．また，大規模ソーラーシステムや大型設備などの見回り点検に，作業員ではなくドローンが活用される海外工場がみられるようになってきている．さらに，GPSを利用して位置や稼働状態を追跡できる製品を顧客に提供し，製品の累積稼働時間などから，故障が発生する前にメンテナンスの提案を行うサービスも展開されている．

2.7.4 製品開発と設計変更への対応

アフターサービスを考慮した製品開発では，保守や修理をできるだけ容易にするため，共通部品の使用や部品の集約化により，部品の種類と点数を減らすようにする．また，部品の耐久性を向上させ高寿命化を図ることにより，一定期間内の交換回数を減らす．メンテナンス性を考慮し，交換容易な取り付け箇所への変更や，交換の工数が少ない部品の設計も行う．

設計変更への対応については，製品の設計変更により，設計変更前の製品のメンテナンスと，設計変更後の製品メンテナンスは異なる場合があるため，顧客管理を含めた設置済みの製品管理が重要になる．

2.8 廃棄段階のマネジメント

2.8.1 環境マネジメントシステムの概要

環境規格の中核となる「環境マネジメントシステム」ISO 14001は，1996年9月に，ISO(国際標準化機構)によって発行された[18]．ISO 14000シリーズの規格には，企業の「環境マネジメントシステム」が，ISOの要求事項に適合しているかどうかを，認定機関によって認定登録された第三者の審査登録機関が審査して登録するまでの仕組みが含まれている．特にISO 14001の規格は，環境マネジメントシステムの構成要素を要求事項としてまとめたものであり，この規格による審査・登録を受けることにより，自社の「環境マネジメントシステム」がISO 14001の規格に適合していることを対外的に示すことができる．

ISO 14001環境マネジメントシステム規格の最大の特徴は，規格の構成順序がP-D-C-Aサイクルに従っている点である．つまり，環境方針に基づいて計画(Plan)し，組織により実行(Do)し，その結果を点検・監視(Check)し，是正・見直し(Act)を行う，というプロセスを繰り返すことにより，継続的改善に結び付けようとするものである．

また，次の特徴として，「環境側面」に関連する環境法規類の「順守義務」が審査・登録の要件となる点である．そのため「環境方針」において関連法規の順守を社内外に約束し，法律，その他の規制事項への適合を確実にするための基準の設定や，監視及び測定などの詳細を定めるというものである．順守義務は，適用される法律などのほか，組織及び業界の基準，契約関係，自発的な宣言から生じる場合もある．

2.8.2　企業の環境に対する社会的責任

企業は，これまで大量生産，大量消費，大量廃棄型の社会システムに便乗して効率重視の経営で利益を上げ，業績を伸ばしてきた．しかし，今後の企業経営は，企業活動そのものが地球環境に悪影響を与えているという認識に立ち，企業のトップが企業の経営方針の中に「地球環境の保全が企業経営の最重要課題と位置づけて，企業活動のあらゆる面で環境保全に配慮した活動を行う」ことを含めるべきであるという社会的要求が増えてきている．

企業活動における具体的な環境管理は，次のような活動をいう．

① 汚染を予防し，資源(原材料，燃料，エネルギーなど)の消費を削減し，再利用やリサイクルを推進し，処分しなければならない廃棄物を減らすこと．

② 原料・資材の調達から生産，使用及び廃棄にいたるライフサイクルにわたっての環境影響を最小にする「環境保全型製品の設計」を推進する．また，そのための環境関連技術の研究・開発に投資すること．

③ 地域社会や消費者に迷惑を与えるような公害を防止し，環境関連の法律や規制を遵守する約束をし，それを守ること．

2.8.3 具体的な目標の設定

地球環境問題を解決するため，企業が果たすべき社会的責任とは，企業のトップが自社の経営戦略の重要な柱として環境方針を組み入れるとともに，トップの環境方針を受け，それぞれの部門が，個別の環境目標を定め，継続的な改善を進めることである．目標設定にあたってそれぞれの部門が考慮すべき課題を以下に示す．

(1) オフィス・事務部門の環境管理

省エネルギーの徹底として，照明，冷暖房，OA 機器の節電，節水などの電気・ガス・水道の節約を行う．省資源・リサイクルの推進として，再生紙，両面コピーの利用，ペーパーレス運動，さらには，文房具，事務用品に再生品やリサイクル品を使う．また，環境配慮型企業や，ISO 14001 の取得企業からの調達，エコマーク，エネルギースターマークなどの環境保全型製品の購入，リサイクル品，再生品，省エネ型製品などのグリーン購入を推進する．廃棄物・ゴミ処理管理の徹底については，分別収集などの市町村・地域の方針や約束を守る．また合理的な収集システムの構築や，ゼロエミッション計画を，工場団地や地域単位で推進する．

流通の合理化としては，車両管理，排ガス対策，共同配送がある．車両管理では，点検整備，運転・配送経路の効率化，低公害車の活用がある．排出ガス対策は，モーダルシフト（輸送手段の転換），トラックから鉄道・内航海運などがある．共同配送では，地域交換型，帰り荷交換型がある．

従業員の教育・訓練の計画的実行では，階層別・職場単位での環境意識の向上，定期的な訓練の実施による事故・緊急事態への対応がある．さらに，地域生活者とのコミュニケーションの確立では，環境方針，環境報告書，事故・緊急時通知などの情報公開，グランド，体育施設，診療所，イベントの開催などの施設の公開がある．

(2) 生産活動における環境管理

省エネルギーの徹底として，照明器具の照度，休憩時の取扱い，設備・器具や省エネ型機器の選定により，電気使用量を減らす．また，重油・灯油の使用管理により，使用する燃料を減らし，水については，必要に応じて循環使用や雨水の利用も考慮する．リサイクルの促進としては，再生品，リサイクル品の使用による再生資源の継続的な採用，紙，廃油，金属くず，廃プラスチックなどの分別回収ルートの整備に努める．また，代替フロン規制の対策として，新素材の開発，無洗浄化や新洗浄技術の開発なども考慮に入れる必要がある．

建物・工場設備の減量化として，エネルギー効率の良い機械，国際エネルギースタープログラムによる国際エネルギースターロゴが使用されている機器の選定，効率的な機械の配置によるレイアウト改善，終夜運転の見直し，立ち上げ時間の短縮による操業度管理などを行う．

化学物質の管理では，第一種指定化学物質，第二種指定化学物質及びそれらを含有する製品(指定化学物質など)を他の事業者に譲渡・提供する際には，その性状及び取扱いに関する情報の提供を義務付ける制度がある．化管法SDS(Safety Data Sheet：安全データシート)制度に基づき，化学品の取扱いを適切に行う．また，化管法によるラベル表示の努力義務規定がある．PRTR制度においては，事業所外への対象化学物質の排出，または移動する量を把握し，都道府県経由で事業所の所轄大臣に届け出を行う．さらに，事故や緊急時の対応として，マニュアルの作成や，避難訓練の実施を行う．騒音・振動・衝撃防止対策として，設備管理では，操業時や稼働時の騒音，振動，衝撃予防対策を実施し，苦情調査では，近隣生活者からの苦情の受付や担当者の配置を行う．

2.8.4　ライフサイクルアセスメント(LCA)の考え方

製品企画から開発設計段階において製品の原料調達から生産・使用・廃棄に至る全ライフサイクルの過程で，どのような環境対応をすべきかについて，各プロセスのインプット，アウトプット・排出物に関連する環境影響を調査し，それが現段階の最新技術を用いて最小化するような製品の開発活動(図表2.23)を行うようにする．環境に優しいといわれる企業製品となるための条件のうち重要なことは，研究開発部門に対する環境関連投資である．この環境関連投資では，自社の製品を環境保全型製品開発の促進に焦点を合わせることが重要である．

製品開発では，取扱いの地域への対応が重要である．RoHSとは，電子・電気機器の特定有害物質の使用を制限するためのEUによる指令である．WEEEは，電気・電子機器の廃棄に関する指令であり，廃棄量を減らすため再使用や再生，リサイクルが求められている．REACHとは，化学物質の登録，評価，認可，制限に関する規制であり，原料から製品に至るまでのさまざまな業界，メーカーに化学物質の管理を義務付けるものである．REACHは，自動車から

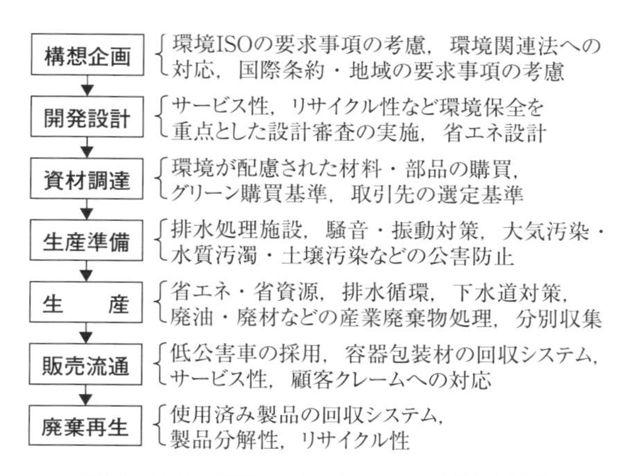

図表 2.23　製品ライフサイクルと環境対策

の廃棄物防止を目的とするELV指令やRoHSなどと異なり，EU加盟国に適用される共通の法律である．また中国では電子情報製品生産汚染防止管理弁法があり，中国版RoHSと呼ばれている．日本では電気・電子機器に含有される特定の化学物質の表示として，J-MossというJIS規格がある．

製品の廃棄段階では，含有化学物質や材質ごとに分別が必要になる．そのため，製品の設計段階で使用される化学物質や材質をPDM/PLMに登録して管理し，その情報をもとに廃棄段階での分別が行われるようになってきている．

2.8.5　持続的な開発目標への取り組み

SDGs(Sustainable Development Goals)とは，持続可能な開発目標であり，2015年の国連サミットで採択された2030年迄を期限とする国際合意に基づく目標である．17のゴールと169のターゲットから構成され，誰一人取り残さない(leave no one behind)ことを誓っており，日本でも積極的に取り組まれている．①貧困・②飢餓の克服，③健康と福祉，④質の高い教育，⑤ジェンダー平等，⑥水と衛生，⑦近代的なエネルギー，⑧持続可能な経済成長，⑨産業と技術革新の基盤づくり，⑩格差の是正，⑪まちづくり，⑫つくる責任・つかう責任が挙げられている．さらに，⑬気候変動の対策，⑭海の豊かさ・⑮陸の豊かさの維持，⑯平和と公正の推進，⑰パートナーシップによる目標達成など，広範囲で地球規模の目標にまで及んでいる．地球環境を破壊せず，持続的な発展の実現を目指すために，山積する課題解決を進める必要がある．

Column 1　第４次産業革命への対応

ドイツが提唱したIndustrie 4.0は，多様な製品を柔軟に生産するために，製造企業の革新を進めるものであり，第4次産業革命とも呼ばれる．この中核となる考え方は，マス・カスタマイゼーション(個別大量生産)である．規格品の大量生産と同等の価格で多仕様製品を生産するために，上流工程では大量生産を行い，下流工程に進むに連れて多様な仕様を設定することにより，個々の顧客の要望に応えていくことである．

高度成長期に急拡大した大量生産は，国内から新興国に移転し，海外での生産が一層進んでいる．たとえば，タイのバンコク郊外に位置するアマタナコン工業団地には，数百社に及ぶ日系企業が集結し，同種類の機械を多数配置し，規格品の大量生産を行っている．これに対して国内では，BTOやMTO，近年では個別対応を行うETOやCTOが拡大し，これらの製造ビジネスを考慮できる生産システムや生産管理システムが求められている．顧客への個別対応が必要な時代では，引合い，見積り，納期回答，先行手配が重要な生産業務となり，製番管理型の生産管理とBOPやイベント駆動型のシミュレータ[註1]が求められる．現実世界の姿を仮想空間でシミュレーションするために，それぞれの作業仕様，設備などの資源，工程と製造プロセスのデータ整備や，設計と生産管理のデータ統合が重要であり，現実世界と仮想空間を結ぶ仕組みが求められる．さらに，多仕様対応で複雑になる業務の簡素化に，人工知能やRPA[註2]，BRMS[註3]などの利用が進み，クラウドサービスによる業務間連携も進んでいる．マス・カスタマイゼーションは，J.パインにより一般に広まったが，当時はこれに取り組む利用技術が脆弱であった．最近では，多仕様製品を扱い，最新のIT技術の利用が得意な企業が積極的に取り入れようとしている．

［註1］ BOMとBOP(Bill of Process)，作業仕様データを用いてものづくりの過程を記述し，イベント駆動型のシミュレータにより，現実に近い生産現場の模倣をコンピュータの仮想空間で行う．

［註2］ RPA(Robotics Process Automation)とは，オフィス業務における抽出・転記・集計などの一連の定型作業をERPや表計算ソフトウェアを介して自動処理することである．産業用ロボットの導入による工場の自動化に対して，ソフトウェア型ロボットによるオフィスの自動化を意味している．この実現のために，最近ではAIやBRMSの利用が進んでいる．

［註3］ BRMS(Business Rule Management System)とは，組織や企業内の業務システムで使用されている業務上の規則や条件，様々な意思決定ロジックをビジネスルールとして取り出し，定義，実行，監視，維持管理するために用いられる統合管理システムである．複雑な業務処理が増えると，ビジネスプロセスも複雑化し，業務システムが肥大化する．この時，業務の中のビジネスルールを取り出し，ビジネスプロセスから分離することによって，簡素なビジネスプロセスを維持できる．

第3章
生産現場の改善とマネジメント

3.1　階層型の計画

生産計画の中核は，期間別に，大・中・小日程計画に分類された階層型の計画である．

大日程計画とは，計画期間が6カ月から1年程度までであり，計画期間が長期の計画をいう．経営計画と連動し，製品の開発から試作，製造，販売までの大まかな計画を示すものであり，それに基づき，予算を編成し，人や設備の調達を含めた能力計画，外注計画，調達期間の長い購入品の計画や内示などが行われる．

中日程計画とは，大日程計画に基づいて計画をより詳細化した計画である．計画期間は，月別の生産計画や週別の生産計画であり，材料・部品の発注などに利用される．

小日程計画とは，中日程計画に基づいて，より詳細化した計画であり，計画期間が1週間以内程度のものをいう．生産の計画は，日程レベルまで展開し，生産作業の着手日や完了日を予定で示す．日程計画を立案するためには，個々の作業の所要時間(基準日程)や作業工程が確定されていることが前提となる．人や設備の実際の割り当てや購入品の納入計画などに利用される．

しかしながら，大日程計画で決定された予算では，中日程計画に必要な予算が捻出できない問題や，中日程計画で調達すべき資材が間に合わず，小日程計画が立案できない問題などが発生することがあり，3つの計画には乖離が発生しやすい．そこで，計画の一本化を考え，直近は緻密に，少し先は粗く，さらにその先はもっと粗くという計画を立案し，生産計画を統合する．そして，日程計画を適切な時点で切り出し，機能別計画として利用することによって，これらの問題を解決できる可能性がある．

3.2　工程管理

3.2.1　生産の計画と統制

工程管理は，狭義の生産管理ともいわれ，階層型計画に基づく要素別の詳細計画と生産統制の２つの機能から構成されている．

詳細計画(図表 3.1)とは，工場における生産活動の時間の流れやものの動きを管理するための目標や基準を決めるための諸活動であって，手順計画，工数計画，日程計画，材料計画，外注計画が含まれる．

生産統制とは，生産の計画で決められた基準を守る活動であり，詳細計画と生産実施の２つの機能間にあり，両者の調整を図ることを主な目的とする．すなわち，計画されたオーダーを製造部門に指示し，生産の計画と実績との差異を調整し，その結果を生産計画部門にフィードバックして 顧客の要求納期に間に合わせるために生産の調整をすることである．生産統制には，作業手配，進捗管理，現品管理，余力管理 [1] などがある．

製品は，一般に取扱い部品点数が多く，工程は外注を含めると多岐にわたり，管理対象が複雑になりやすい．また，多品種化，製品寿命の短命化によって，短期間に数多くの部品を取り扱わなければならない．

製造を円滑に実施するためには，管理対象となる工程，能力，作業時間などの性質を考慮しながら，生産の詳細計画と生産統制をよりきめ細かく行う必要がある．

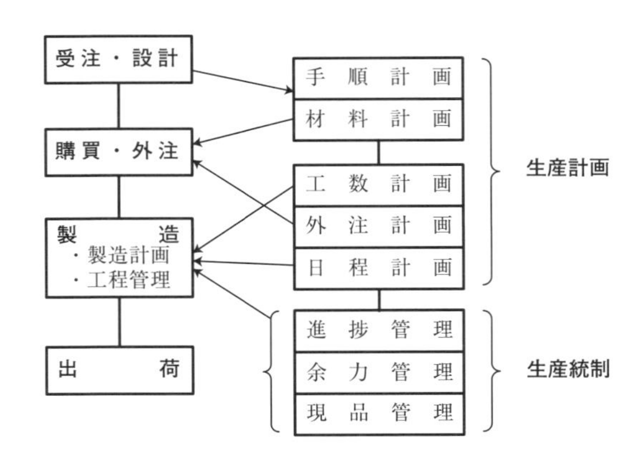

図表 3.1　生産計画と生産統制

⑴　工程

工程は，ワークセンターと呼ばれる類似の機能と能力を持つ機械もしくは人の集まりであり，ラインバランシングで設定された作業のまとまりでもある．また，ものづくりの管理レベルや，扱いやすさの観点から，工程を大まかに管理する場合ときめ細かく管理する場合がある．

・工程を細かく分けると詳細な管理が可能であるが，実績収集の手間や，機械の故障などによる再計画の煩雑さが増加する．
・障害の発生しやすい機械や高価な機械は，単独の工程として管理する．
・ものの観点から工程につながりがある場合でも，工場が変わり，運搬の都合，在庫にする必要がある場合は，工程を区切って管理するようにする．
・工程をある単位でまとめるとき，差立は，職長の判断となる．
・複数の工程が，同一手順で使用されるフローショップや，ロボットによる自動段取りなどで作業が流れて進む場合は，初工程で指示を与え，最終工程で実績を収集する方が管理がしやすい．
・異なる作業を連続して行う組立ラインの場合も1工程の方が管理しやすい．

⑵　能力

能力とは，一定期間に工程，または設備において生産し得る作業量のことで，時間で示される．能力には，標準能力，最大能力，設定能力がある．

①　標準能力

標準能力とは，工程または設備で通常発揮できる能力である．

例えば，ある工程が以下のようになっていたとする．

工程保有能力　機械台数 = 6 台　作業員 = 5 名

・機械についての工程能力

標準機械稼働時間 = 6 時間／日，機械の工程能力 = 36 時間／日

・人についての工程能力

標準作業者作業時間 = 6 時間／日，人の工程能力 = 30 時間／日

機械の能力が36時間，人の能力が30時間であるから，人の能力が，この工程の能力として設定される．しかし，作業員は作業の段取りなどに時間を費やし，機械が稼働しているときは監視のみで，一人が複数の機械を同時に操作できる場合は異なる．機械の稼働時間中に人が関与できる体制であれば，機械の能力が制約となり，工程能力は36時間と設定される．機械と人の能力の対比

において，どちらが標準能力になるかが決定される．

② 最大能力

最大能力とは，工程または設備で最大限に発揮し得る能力で，標準能力と同じように現実の時間により設定されるか，標準能力に対する過負荷の許容度として設定される．現実の時間で設定する場合には，工程に対して計画部門が指示し得る許容残業と考える．例えば，1日2時間まで残業可能である，というような場合のことである．過負荷の許容度とは，標準能力の20％増し，という設定になる．

③ 設定能力

設定能力とは，あらかじめ設定された標準能力や最大能力に対し，能力の計画，負荷調整で計画担当者の判断により設定した能力をいう．負荷と能力の対比で，計画担当者は最初に過負荷・過少負荷の状況に応じて負荷の調整を行う．しかし，適切な調整ができないときは，最大能力の範囲内で能力を調整する．最大能力の範囲で調整が不可能なときは，その期間に必要な能力を再設定できるか否かを検討する．負荷とは，能力を設定した工程や設備で行う作業工数の期間内の合計である．個々の作業の工数は，製造する品目の1ロットまたは1単位当たりの作業時間または設備稼働時間に生産量を乗じたものである．

(3) 作業時間

図表3.2は，作業時間の構成を示したものである．実働時間は，生産との直接的な関係から直接作業時間と間接作業時間に区分される．また，直接作業時間は，主体作業時間と準備作業時間に区分される．主体作業時間は，作業の性質から正味作業時間と余裕時間に区分され，正味作業時間は主作業時間と，機

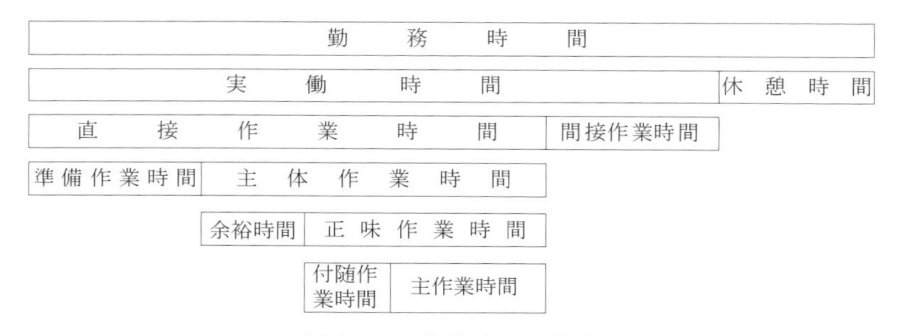

図表3.2　作業時間の構成

械への材料の取り付けなどの付随作業時間に区分される．

3.2.2　手順計画

手順計画とは，製品を生産するための最適な作業方法や手順を決めることである．すなわち，設計図や仕様書は，完成した製品の形態や品質を表したものであるが，実際の製品を製造するためには，合理的な生産方法が求められる．図表 3.3 に部品工程表の例を示す．

①各工程の順序や作業内容，②作業内容と作業時間，③各工程に必要な人員と生産設備・冶工具，④材料取りの方法と材料名，⑤基準日程などを決定する．さらに，要求される品質の程度や，高い精度や特殊な機械の必要性を検討する．原価については，品質重視か原価の低減が最重要課題か，納期に余裕があるのかなどを検討する．その他として，他の製品との共通性や，設備や材料の制約なども検討する．

3.2.3　工数計画

工数計画とは，生産計画に基づく製品別の納期と数量について，手順計画によって決定された加工手順，作業方法，機械設備，標準時間，人員などの情報から，どの位の仕事量になるのかを具体的に換算し，現有の人や機械の能力と比較することである．

生産能力　→　操業日数×稼働率

稼働率　　→　人の稼働率 ＝ 出勤率 ×（1－ 間接作業率）

　　　　　　　設備の稼働率 ＝（1－ 故障率）

生産に必要な工数が，どの位になるのかを一覧表で示したものが工数表であ

図表 3.3　部品工程表の例

工程番号	工程名称	作業内容	使用機械 使用治具	標準時間		作業員数
				準備	主体	
1	フライス	両面	M0001		3.213	1
2	穴あけ	側面 43 ϕ	M0002		3.358	1
3	面取り	8個所 0.5R	M0003		0.169	1
5	仕上げ	両面	M0005		1.427	1

図番	材料	工程分類	生産数	(備考)
	SUS204			
製番	重量	工事区分	予定月日	
	0.5kg		月 日 時 分	

図表 3.4　工程別工数表の例

部品名 (生産数)	工程名称		一個当たりの 所要時間（時）	合計工数
	番号	機械		
ＨＰ５４３２ (300)	1	M001	0.54	162
	2	M002	0.28	84
	3	M003	0.31	93
	合計時間		1.13	339

り，用途によって製品別工数表，工程別工数表，部品別工数表，注文別工数表などがある．図表 3.4 に工程別工数表の例を示す．

生産能力と生産に必要な工数を比較した結果，過大負荷の場合には，顧客の指定納期が守れなくなる．また過少負荷の場合には，生産システムの稼働率が極端に落ちることになる．

3.2.4　負荷調整

負荷調整とは，換算した負荷量(仕事量)と現有の生産能力(人や機械設備の能力)との間を調整し，生産量と納期を確保しながら，適正操業度を維持することを目的とする機能である．全体の負荷量は，製品 1 個当たりの基準工数×受注数またはロット数で計算され，計算した負荷量と生産能力を比較して調整する．作業工数の合計が，保有する生産能力より低い場合は，他の仕事の拡充や，一部の操業停止を考える．作業工数の合計が保有する生産能力より大きい場合は，休日出勤や他部門からの応援，さらには余力のある他の工程での作業や，外注の利用を考える．

負荷量の山積みの状態を確認するために，作業工数を計画期間ごと，さらには，負荷を工程別，機械別，班別，納期別などに区分して積み上げ，グラフ化したものを図表 3.5 に示す．負荷の過不足がどの機械で発生しているかを見ることができる．これを，無限負荷山積みという．また，能力を超えた分を他のあいている設備や将来に山崩しすることを有限負荷山積みという．有限負荷山積みにより，負荷量と保有生産能力を一致させることができる．しかしながら，有限負荷山積みを生産管理システムに計算させ，結果をそのまま実務に用いると，機会損失が発生することがある．無限負荷山積みで負荷の状況を把握し，資源を拡充することにより，顧客の希望納期を満たせる場合があるからである．

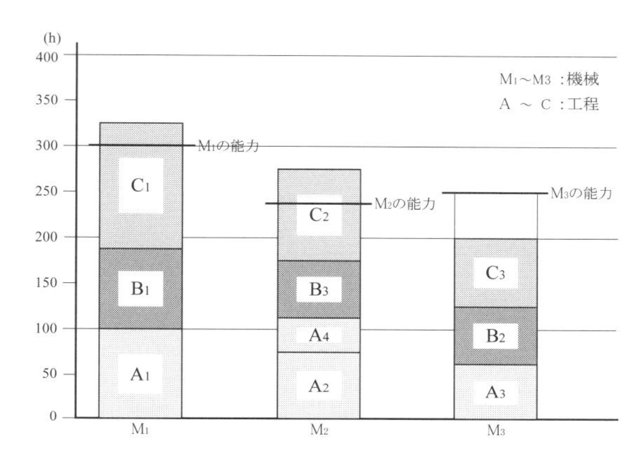

図表 3.5　機械別負荷山積表

3.2.5　日程計画

日程計画では，生産計画を日程レベルまで展開し，生産作業の着手日や完了日を予定で示す．日程計画を立案するためには，個々の作業の所要時間(基準日程)や作業工程が確定されていることが前提となる．

(1)　基準日程

基準日程(図表 3.6)とは，ある作業の着手から完了までの所要日数である．これを設計，購買，加工，検査，出荷などすべての工程について定めておく．基準日程は日程計画の基礎となり，完成予定日から基準日程を差し引けば，標準的な着手日が求められる．手番(製造手配番数)とは，基準日程を使い，据付から逆算し各期間の着手と完了を決めることをいう．

(2)　日程計算

日程計算では，基準日程を顧客の納期に間に合うように適用する．このとき，工数計画における生産量と工場の生産能力のバランスを考慮しながら，生産の着手日と完了日が決定される．

日程計算の考え方には，図表 3.7 に示すように，バックワード方式とフォワード方式がある．バックワード方式は，前工程の生産予定を後工程の生産予定に基づいてきめるやり方である．それに対して，フォワード方式は，前工程から後工程へと順番に基準日程を加えて，日程計画表を作成する方法である．

図表 3.6　基準日程表

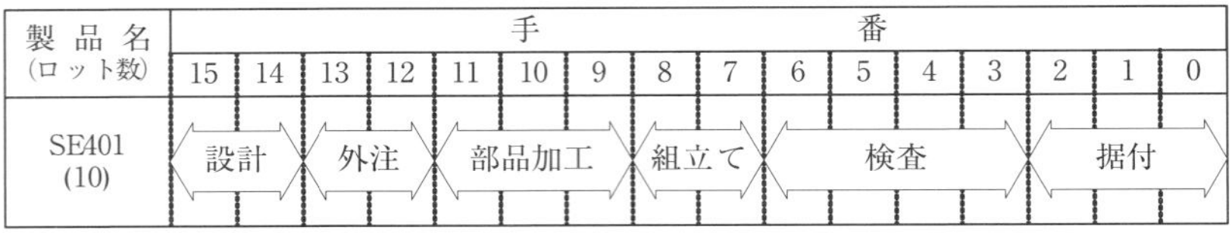

製品名 (ロット数)	手番															
	15	14	13	12	11	10	9	8	7	6	5	4	3	2	1	0
SE401 (10)	設計		外注		部品加工			組立て		検査				据付		

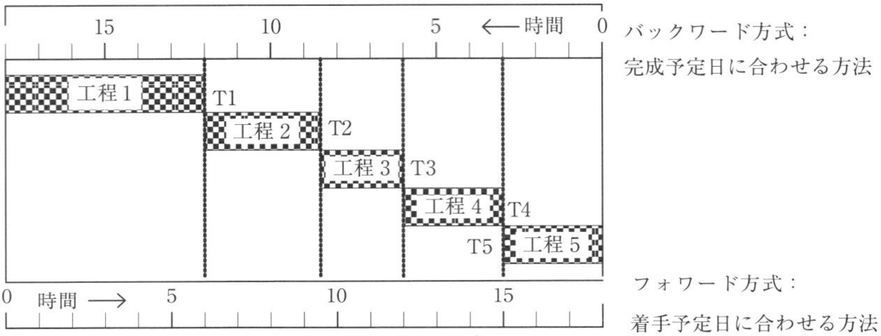

15　10　5　←時間　0
バックワード方式：
完成予定日に合わせる方法

工程 1　T1　工程 2　T2　工程 3　T3　工程 4　T4　T5　工程 5

0　時間 →　5　10　15
フォワード方式：
着手予定日に合わせる方法

図表 3.7　日程計算の考え方

また，フォワード方式は基準日から将来に作業を割り付けていくので納期の見積もりにも使われる．バックワード方式は，顧客が希望する納期日から現在に遡りながら作業を割り付け，納期どおりに生産できるか否かを確認するために使う．もし，作業が本日より過去に割りつく場合には，本日を基準にフォワードスケジューリングし，納期日の調整を行う．また，ボトルネック工程がある場合は，その工程の前工程をバックワード方式で，後工程をフォワード方式で計算する．

日程計画とは，どの工程で何をいくつ作ればよいかを決定する計画であるが，実際に作業を行う場合には，どの作業から手をつけるかを具体的に決めなければならない．これをディスパッチングといい，優先順位の決定方法を図表 3.8 に示す．また，図表 3.9 にスケジューリングの結果，作業を割り付けた結果の例を示す．優先順位を複数用いて，納期を守りながら，生産性を向上させたり，適切な段取り替えを実現させたりする場合もある．

(3)　パート (PERT) 法

PERT (Program Evaluation and Review Technique) は，1958 年に開発された手法である．プロジェクトを構成する各作業の先行関係と所要時間をネット

図表 3.8　優先順位の決定方法

考慮する視点	説　　　明
仕事の性質を考慮しない	1. ランダムに選択する
到着時点を考慮したもの	1. 先着順規則 工程に先に到着した作業の順番に割り当てる 2. 後着順規則 工程に後から到着した作業の順番に割り当てる
加工時間を考慮したもの	1. 最小加工時間規則 加工時間の最も少ない作業オーダを優先して割り付ける 2. 最大加工時間規則 加工時間の最も多い作業オーダを優先して割り付ける 3. 最小残り加工時間規則 最終工程終了までの加工時間の合計が最も少ないものから割り付ける 4. 最大残り加工時間規則 最終工程が終了するまでの残り工程の加工時間の合計が最も多いオーダを優先的に割り当てる
作業数を考慮したもの	1. 最小残り作業数規則 残りの工程数が最も少ない作業オーダを優先的に割り付ける 2. 最多残り作業数規則 最終工程が終了するまでの残り作業が最も多い作業オーダを優先的に割り付ける
納期を考慮したもの	1. 最早納期規則 納期の最も早い作業オーダを優先的に割り付ける 2. 最小スラックタイム規則 最も余裕時間のないオーダを優先的に割り付ける（納期から現時点と残りの工程における加工時間の合計を差し引いたものをスラックといい，スラックの最も小さいものを選ぶことである）

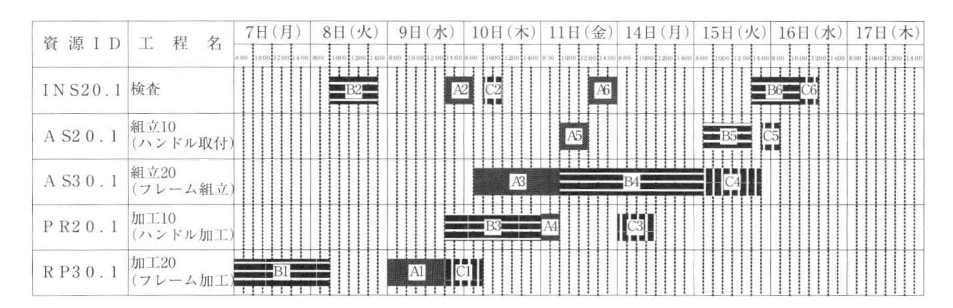

図表 3.9　工程のスケジューリング

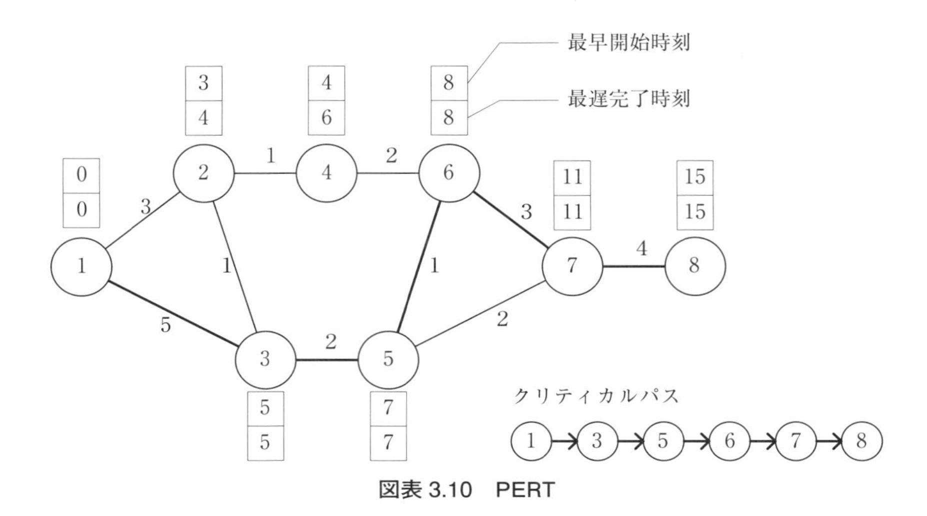

図表3.10　PERT

ワーク上に図示し，各作業の開始時刻と終了時刻を計算する．プロジェクトを進めるうえで，絶対に遅れてはならない作業群をクリティカルパスという．時間的な余裕がないので，重点管理の対象になる．図表3.10にPERTの図を示す．

3.2.6　材料計画と外注計画

材料計画とは，生産計画に必要な材料の所要量を決めることである．また，材料の見積もり，経済的な材料の抜き取り，調達期間の調査などが含まれる．

外注計画では，製造工程の一部を外部に依頼する際には，材料の支給に関する処理が必要であり，外注先への支給品の輸送，加工品の受入れ処理が必要である．それに応じて外注加工費に関する原価集計が発生する．

3.2.7　生産統制

生産統制とは，一般に生産計画と生産実施の間を調整する機能である．そして計画を指示，手配するところから，差異の調整や生産の計画へのフィードバックをするところまでをさす．

(1)　作業手配

生産計画が確定すると，手配計画で設備や資材，人員が準備され，日程計画で作業の開始や終了時点が指示されるが，実際には，手配計画で指示された諸準備が行われているかをチェックする必要がある．材料，治工具，機械・諸設備，人員などの準備を確認し，作業を開始する．

(2) 進捗管理

進捗管理とは，作業の進行状況を把握し，日程計画で示された基準と比較して，遅れや進みを調整して日程計画を維持することを目的とする機能である．進捗管理では，日程計画に基づいて生産された製造の実績を把握し，日程計画と対比すること，日程・数量・能率や，品質の歩留まりについて実績の評価を行うこと，評価結果に基づき，それらの対策を打つことである．

① 生産実績表

生産実績表とは，日程計画と実績値を一枚の図に同時に示し，生産の進行状況が一目で見えるようにしたチャートである(図表 3.11)．縦の欄には，製品名，機械名，工程名，部門名などを記入し，横軸は時間軸で日付あるいは日時を記入する．

図表 3.11 は，製品別の生産実績であり，図中の各計画と実績は，上の線が計画，下の線が実績を示している．実際には，製品の下位品目とともに，スケジューラ上で確認する．

② 生産進度表

図表 3.12 に示すように，横軸に生産日数(日付)，縦軸に生産量の累積値を取り，折れ線グラフで示したものである．生産予定を実線，生産の実績を点線で同時に示すと，日程遅れと数量遅れが同時にチェックできる．

図表 3.11 月度製品別生産実績表

製品番号	生産数	ロット番号	平成29年7月（1 5 10 15 20 25 30）
HP4328	100	H1011-03	
HP3262	50	H1011-04	
HP2835	20	H1011-05	
HP4120	120	H1011-06	
HP4130	100	H1011-07	
HP3262	50	H1011-08	
HP4120	120	H1011-09	
HP4120	100	H1011-10	

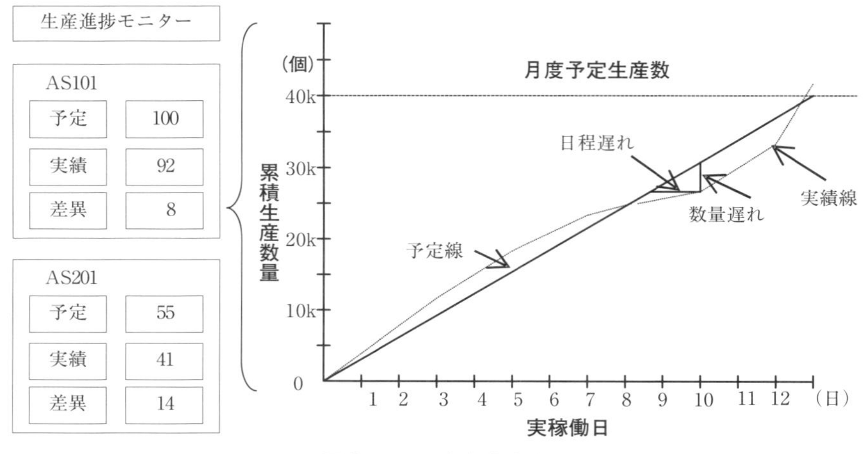

図表 3.12　生産進度表

(3)　現品管理

現品管理とは，資材，仕掛品，製品などの現品について，移動経路，現在の所在，数量を確認し，紛失の防止，現品を探す時間の短縮，不良品の的確な処理などをすることである．仕掛品は，不良品の発生や破損などいろいろな理由によって後工程に引き渡せる数量が変化する．また絶えず工程間を移動するので，受け渡しを確実に行わなければならない．現品管理が正確に行われないと，進捗管理が円滑にできなくなる．

(4)　余力管理

ある期間の生産能力とその期間に与えられた負荷との差を余力といい，能力と負荷とが等しくなるように両者を調整し，余力をゼロに近つけることを余力管理という．

余力とは，生産能力－負荷量であり，負荷が能力より大きい場合には，能力不足の状態になり，納期遅れの発生原因となる．逆に負荷が能力より常に小さい場合は，生産能力が過剰気味であり，作業者や機械に手待ちが発生する．工数計画や日程計画で生産能力と生産に必要な工数との負荷調整が行われていても，生産段階では，前工程の作業の遅れや機械の故障，注文の取り消しなどによって，生産能力の不足や作業量の減少が発生する．余力管理では，両者の差をできるだけ少なく保つ活動が行われる．

3.3　生産管理方式の実際

3.3.1　MRP 方式

MRP 方式では，最初に生産部品表と部品構成表を登録する．次に，生産計画を入力して資材所要量計算[2]を行い，資材発注と資材受入れ及び，製造オーダーの発行と生産実績の入力を行う．図表 3.13 に部品構成表の例を示す．

また，MRP(Material Requirement Planning：資材所要量計算)のステップを以下に示す．

1. 基準生産計画(MPS)を用意する．
2. 部品構成表を用いて資材の総所要量を計算する．
   (部品別，期間別の総所要量)
3. 在庫を引き当てて正味の所要量を計算する．(必要な部品の量)
4. ロットまとめを行う．
5. リードタイムを考慮し，発注データを作成する．

図表 3.14 に MRP 計算の例を示す．MRP の計算を上位品目から下位品目のすべてにわたり，計算する．生産管理システムの場合は LLC(Low Level Code)計算を行い，所要量計算をする品目の順序と部品構成のループチェックを行う．

MRP は資材所要量計算であるため，資材所要量計画と生産能力を計画・手配する能力所要量計画(Capacity Requirements Planning：CRP)が提案された．これをクローズド・ループ MRP(Closed-loop MRP)という．さらに MRP は，作業者の配置管理，資金計画，ロットやオーダー管理などを加えた製造資源計画 MRP II(Material Resource Planning)に発展した．現在では，生産管理の業務だけでなく，販売・在庫管理，物流管理，購買管理，管理会計，財務

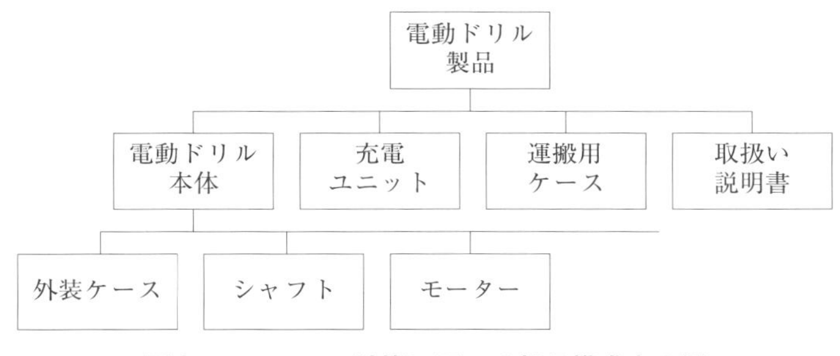

図表 3.13　MRP 計算に用いる部品構成表の例

図表 3.14　MRP 計算の進め方

1. 電動ドリル製品
リードタイム＝1期

期		1	2	3	4	5	6	7	8
総所要量		100		50		100			100
在庫残	100	0	0	0	0	0	0	0	
計画量			50		100			100	

2. 電動ドリル本体
リードタイム=1期，ロットサイズ＝20

期		1	2	3	4	5	6	7	8
総所要量			50		100			100	
在庫残	100	100	50	50	10	10	10	10	10
計画量				60			100		

3. シャフト
リードタイム=2期，ロットサイズ＝40

期		1	2	3	4	5	6	7	8
総所要量				60			100		
在庫残	100	100	100	40	40	40	20	20	20
計画量					80				

4. 外装ケース
リードタイム＝3期，ロットサイズ＝150

期		1	2	3	4	5	6	7	8
総所要量				60			100		
在庫残	100	100	100	40	40	40	90	90	90
計画量				150					

会計，人事管理などの基幹業務をすべてカバーする ERP(Enterprise Resource Planning)が一般的になっている．統合業務パッケージを活用して，各企業の業務内容に合うように必要なサブシステムを組み合わせるとともに，要望に応じてカスタマイズできるようになっている．

3.3.2　JIT 生産方式

JIT(Just In Time：ジャストインタイム)生産方式[3]は，トヨタ生産方式とも呼ばれ,「必要なものを，必要なときに，必要な量だけ作る」,「必要なものを，必要なときに，必要な量だけ，必要な場所に供給する」という基本概念からなる[4][5].

(1)　無駄の排除

JIT の基本的な考え方[6]は「ムダの排除」である．ムダの排除や在庫の削減によって，原価低減を図り，利益の増加に結びつける．顧客の立場に立ち，製品に付加価値を付ける作業を「働き」と呼び，それ以外のものをすべてムダと考える．正味作業とは，製品の付加価値を生み出す作業であり，加工・組立などの作業である．また付帯作業とは，段取り替え，準備作業などであり，現在の作業条件では，必要な作業ではあるが，付加価値を生まない作業である．改善活動では，上記のムダな部分を取り除き，工程のレイアウトの変更や，ものづくりの方法を変えて，現場作業のすべてが正味作業になるように追求する．JIT で考えるムダには，以下の 7 つがある．

① 作りすぎのムダ：必要以上に作るために発生するムダ，必要以上に早く作るために発生するムダ

② 手待ちのムダ：材料，作業，運搬，検査などすべての待ち，余裕や監視作業

③ 運搬のムダ：不要な運搬，積み替えなどの付加価値を生みださないものの移動

④ 加工そのもののムダ：本来，不要な作業や工程

⑤ 在庫のムダ：材料，部品，仕掛品，製品が停滞している状態

⑥ 動作のムダ：不要な移動，付加価値のない動き

⑦ 不良を作るムダ：材料不良，加工不良などにより発生するムダ

がある．これらのムダは，生産活動の中で通常の作業として行われている中に発生している．ムダを取り除くためには，まずそれを顕在化することが必要である．

(2) JIT 生産の考え方

① ジャストインタイム

ジャストインタイムは，トヨタでは，当初は限りある資材を有効に使うために，必要なものを必要なときに供給する仕組みづくりとして始められた．後工程引取りの発想の原点は，必要なときに必要なものの供給を受けるためには，生産計画を各々の工程に指示したり前工程が運搬するのではうまくいかず，後工程が取りに行くという発想から出発している．この仕組みを運用する道具として「かんばん」が考慮された．

② かんばん

かんばんの起源は，現品票とスーパーマーケット方式と言われている．現品

票は2枚複写で，1枚が発行者の手元に保管される．もう一枚が材料・部品現物に添付され，その材料・部品が使われたときに発行者に戻る仕組みであり，仕掛在庫を削減するために補充方式を行っていた．トヨタでは，昭和28年当時，機械加工工程での「生産の流れ」に対して，その前後はロット生産であった．鍛造，鋳造がロット生産であるため，機械加工に必要な粗形材は仕掛在庫で滞留する場合と必要なときに必要な量だけ届かない場合があり，後者の場合には機械加工工程で手待ちが発生していた．粗形材の手待ちを防ぐために，機械加工工程に信号発信場所を決め，スイッチを押すとストアの必要な粗形材の置き場に電灯がつくように工夫した．この「呼出方式」の信号を文字で表現したものが，「引取りかんばん」である．

③　かんばんによる運用の仕組み

JIT生産では，かんばんにより，工程間の流れを制御する．かんばんとは生産・運搬・指示を行う道具であり，部品番号・名称・ロット数・置き場・前工程・後工程などが記入される．QRコードがついた作業指示票(紙かんばん)を利用して生産指示，運搬指示をすることで，後工程引取りを実現する.「引取りかんばん」は，前工程から部品を引き取る際に使用し，工場内で使用する工程間の引取りかんばんと，サプライヤーとの間で使用する納入指示に関する外注かんばんがある．生産の指示を与える際に利用するかんばんが「生産指示かんばん」(仕掛けかんばんともいう)である．かんばんによる運用は，次のようなステップになる(図表3.15)．

ステップ1：後工程が空の通い箱と「引取りかんばん」を持って，前工程に行き，部品の入った通い箱についている「生産指示かんばん」を外してか

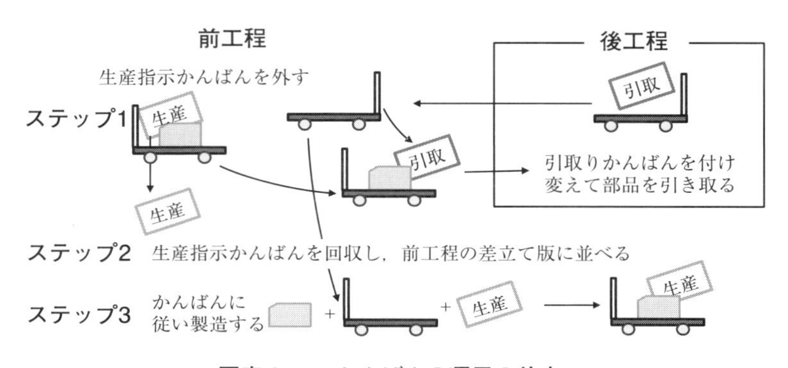

図表3.15　かんばんの運用の仕方

んばんたてに入れ，部品を後工程に引き取る．部品を引き取りにいくタイミングは，外された「引取りかんばん」が一定枚数になったとき，あるいは決められた一定時間が経過したときである．

ステップ2：かんばんたてに入っている「生産指示かんばん」は定期的に回収され，前工程の差立て板に並べられる．

ステップ3：前工程では，「生産指示かんばん」に書かれた数量を，並べられた順序で製造して空の通い箱に入れるとともに「生産指示かんばん」を通い箱につけて現品と一緒に定められた位置におく．

後工程引取りは，必要のないものを後工程に送らないので，作りすぎやムダを抑え，引き取った量だけ作るので，在庫を最小限に抑える効果がある．かんばんは，生産の微調整の道具，手段であり，改善の道具でもある．紙のかんばんは，1998年頃からIT技術によってeかんばんに進化し，企業間取引きで用いるEDI(UN/EDIFACT)標準の利用とともに，さらなる生産効率の向上に貢献している．

(3) 生産の平準化

JIT生産方式を機能させるために，生産を平準化する必要がある．このため，小ロット生産，一個流し，混流生産を行い，手待ちをなくし，稼働率を高めている．

① **段取り替え**：かんばんによって，次工程が必要なものをジャストインタイムで生産するようになると，段取り替えを少なくして，まとめて作ることはできなくなる．このためには，段取り時間を短くする改善が必要であり，10分以内で行うシングル段取りが進められる．

② **流れ化**：ものが停滞なく次々と加工され製品になっていくことによって，在庫の発生を防ぎ，リードタイムの短縮を図ろうとする考え方である．

③ **順引き**：生産順序に合わせて，あらかじめ部品を順番に並べておくことである．

トヨタでは，製品がラインアウトする時間間隔をタクトタイムと呼び，生産開始から完成までの全工程をコントロールしている．生産量が多いときはタクトタイムを短くし，工程数を増やして人員も増やす．逆に生産量を減らすときはタクトタイムを長くし，工程数を減らす．タクトタイムの変化に合わせた生産を柔軟に行うために，一人で複数の作業や工程を担当できる多能工を養成している．生産ラインの場合は，前後の工程を一人で担当することを進めるので，多工程持ちと呼ばれている．多能工化が進めば，複数の人で仕事を分担し，生産を平準化することができる．

(4)　自働化

単にものづくりをするために自動化をするのではなく，異常や不良が発生したら，機械の運転を止めるという考え方である．これは，不良を作り続けることを防ぎ，後で処置するムダを発生させないために，まずは運転を止め，異常や不良の原因をその場で取り除くという考え方に基づいている．自働化によって品質を各工程で作り込み，不良品を後工程に流さないようにする．

①　**ひもスイッチとあんどん**：時間内で作業が終了しない，または作業を間違った場合に，作業者が白いひもを引く．あんどんが黄色く点灯し，チームリーダーが駆けつけて対処し，ひもスイッチを解除する．対応が間に合わず，決められた場所まで進むと，ラインが停止し，あんどんの点灯が黄色から赤色に変わる．対処が終了し，ひもスイッチを引くとラインが動き出す．失敗しやすい作業を工程の先頭に配置すると，時間内でのトラブル回避がしやすくなる．

②　**総合あんどん**：工場内のトリム，シャーシ，ファイナルなどの全ラインの稼働状態が表示され，本日の計画台数，実績台数，進捗率が表示される．運転状態は黄色で表示され，ラインが止まると赤色に変わるようになっている．

③　**ポカヨケ**：部品の締め忘れや，締め付けが強すぎたり，弱すぎたりなどの組み付けの異常を検知する．

④　**デジタルピッキング**：作業者は点滅をたどって部品を取り，ボタンを押すと，点滅から点灯に変わり，次に取るべき部品の入った場所が点滅に変わる．点滅をたどって部品を取ることで，部品の選択ミスを防ぐようになっている．

⑤　**標準作業**：監督者や作業者が，異常を発見するために標準的な作業を決め，それに従ってものづくりを行うという考え方である．標準作業どおりにできないことが発生したら，直ちに作業を止めて対処し，必要に応じて標準作業を修正することによって生産ラインのレベルアップを図る．

⑥　**目で見る管理**：異常が発生していることを見てわかるような状態にして，ムダを取るという考え方である．整理，整頓によってものの定位置や定数を

決め，あんどんにより異常が見えるようにし，不良品を原因別に並べて一目で発生数と原因がわかるようにするなどの方法をとる．

(5)　創意くふう提案制度

生産現場の人材育成は，OJT，集合教育，自主活動(QCサークル，創意くふう提案制度)により行われている．特に，創意くふうシートを用いて提案の質の向上と提案の数を増やし，継続的な改善活動を活性化する努力が行われる．

3.4　受け持ち現場の管理と改善

3.4.1　5S

(1)　整理(Seiri)

整理とは，必要なものと不要なものを区別し，不要なものを捨てることである．

工場の中が不要なものであふれていると，保管スペースを要し，必要なものと不要なものの見分けがつかなくなる．必要なものをすぐに取り出したいと思っても，なかなか取り出せなくなる．また工場の生産の流れもつかみにくくなる．整理を進めるには，不要なものを捨てることである．必要でないものは赤札置き場に運ぶか，すぐに動かせないものについては赤札を貼って不要であることを明確にし，その後，処分する．

処分対象となるものは，使えないものと使わないものであり，使うものについては，使う頻度によって管理の方法を変える．よく使うものは，作業スペース内に配置し，1カ月程度に1回などの使用頻度の少ないものは，工程の近くに保管する．それ以外のものについては，現場から離して保管する．

(2)　整頓(Seiton)

整頓とは，必要なものをすぐに使える状態にすることである．

そのためには誰もがすぐ使える状態にするとともに，もとの場所に戻せる仕組みを構築する．また，工場の中を整頓し，作業区とそれ以外をはっきり識別できるようにする．例えば，①工場内の区画を整理し，区画には白線を引く，②作業区はグリーンとする，③通路はオレンジとする，などである．

在庫については，例えば，先入れ先出しを実現するように棚の設置の仕方を工夫する．治工具については，保管する箇所を定めるために，工具の大きさに合わせたポケットをつくり，そこに保管する．保管する箇所については作業順に保管する場合と，種類にわけて保管する場合がある．フローショップの場合には，作業順に工具を用意し，作業する場所に近接配置するようにする．作業順に工具を保管すると種類別に保管するよりも多くの工具が必要になってしまうが，工具を取りに行ったり，探したりする時間がなくなるので，その分，生産が効率化する．生産設備については配置を確実にするとともに，何を生産する機械なのかがわかるように，客先，品番，品名などの第一優先ワークが書かれた看板を設置する．

(3)　清掃(Seisou)

清掃とは，ゴミや汚れがないように掃除をすることである．

機械に付着したゴミや汚れ，油を拭き取り，常に綺麗にすることは，機械の状態を常に点検していることにほかならない．清掃の際に油漏れはないか，油が切れていないか，ベルトにゆるみがないかなどに注意することで機械を常に良い状態に保つことができる．

現在の生産現場は，効率化の追求のため多台持ちが進んでおり，自分の担当する機械はなくグループで数台を担当するようになってきている．そのため，自分の受け持ち機械であるという考えが薄れ，機械を大切にしようとする気持ちが生まれにくい．さらに，現場のパフォーマンスを高めるために，余裕なく機械を稼働させる日程を組むことが増えているため，5Sが行き届かなくなる場合がある．生産現場で発生する問題に対処するためにも，清掃作業を分担してスケジュールを組み，定期的に清掃を行うことが大切である．

(4)　清潔(Seiketsu)

清潔とは，現場を常に綺麗に保つことであり，3S(整理，整頓，清掃)を維持することである．整理や整頓，清掃が不要になるように予防措置を行う．例えば切り屑が床に飛散する機械であれば，機械の回りに囲みを作り，切り屑が床に飛散しないようにする．油を大量に使う機械で使用済みの油が飛散する場合には，油の受け皿を配置したり，床下に油が流れたら，それを吸収したりする仕組みを用意する．

(5)　躾(Shitsuke)

躾とは，決められたことを守る習慣をつけることである．

3.4.2　3 定

定位，定品，定量の 3 つの定をとって，3 定と呼んでいる．定位とは位置を定めること，定品とは品目を定めること，定量とは数量を定めることであり，どこに，何を，どのくらいの量を置くのかを定めることである．

3.4.3　企業の体質改善と 5S

(1)　管理状態に応じた指導

設備やものの管理状態に応じて，現場の指導を行う必要がある．工場全体が綺麗に保たれていない場合には，5S に取り組む推進体制を構築し，① 5S 推進の計画立案，② 5S 推進の宣言，③教育，啓蒙，④ 5S の実施，⑤ 5S の評価と維持の手順で実践する．そして，整理，整頓された職場で仕事を推進できれば自分の担当する作業が円滑になり，作業ミスを防ぐことができること，作業品質の向上や安全にも配慮できることを理解して頂くようにする．さらに，生産現場において実際の例を示しながら 5S を指導し，受け持ち現場を常に良い状態に保つ習慣を身につけてもらうようにする．

すでに 5S を推進している企業では，現場が整理された状態になっている．しかし担当部署によって 5S への取組みや意識に違いがないかを確認し，問題がある箇所が見つかれば，それを改善するように指導する．若手人材に対しては，研修や OJT で学んだことをどの程度まで理解し，現場で実践しているかを本人から聞き出し，現場の状態を確認することによって，不足する知識や実践方法を具体的に指導することができる．

(2)　2S でのアプローチ

5S の導入が進まない，あるいは 5S がかけ声だけになっている生産現場を改善する場合には，最初の活動として「整理」，「整頓」の 2S からはじめるようにする．最初から 5S を進めると現場が対応できず，思うような改善が進まない場合があるからである．意識の高くない現場では，加工に失敗した部品が隠されたり，機械のそばに置かれたままになったりする場合もある．そのような職場では，最も基本的な「整理」と「整頓」から取り組むのが成功の早道である．

⑶　事業展開と5S

規格品の大量生産が事業の主体となっている場合には，企業の顔ともいえる主要な売れ筋商品が存在し，製品ラインがしっかりと保たれる．取扱いアイテム数が限られるため，整頓がしやすい状態にあるといえる．しかしながら，多品種少量化が進んでいる昨今では，製品種類が多くなり，管理すべき項目も増える．生産ロットの小さい複数の仕事が不定期に現場に持ち込まれてくる場合には，材料だけでなく加工に使用するプログラムや治具が増えやすく，それらの管理も難しい．

このような現場では，多くの調整作業や現場手配のため，非常に忙しくなり，5Sが進まないこともある．例えば，顧客から受注する段階で，自社持ち治具による生産や，治具の支給によって生産ができる契約を結ぶ事ができればよいが，契約によっては，受注する度に専用の治工具を用意しなければならない場合がある．その場合，増えていく治工具類の管理が行き届かないと，必要なときに探す行為が発生し，取り違いが原因による品質上のトラブル，作業ミスなども発生しやすくなる．

整理とは，必要なものと不要なものに区別することである．頻繁に生産する製品に必要な専用の治工具であれば必要であるが，顧客から注文のこなくなった製品の生産に必要な工具は使わないので不要といえる．しかし注文のこなくなった製品を今後も生産するのか，それとも引き合いがあったら受注を断るのかによって，必要なものと不要なものの取扱い方が変わってくる．さらに将来の事業の方向，すなわち生産する製品をどのように計画するかによって，生産現場をリニューアルしていくことが重要であり，そのための5Sになるようにする必要がある．多品種少量生産の職場において生産性を向上させるためには，今まで以上に5Sを推進し，管理状態の良い現場を保つ必要がある．

⑷　5Sの継続性

現場を常に綺麗な状態に保つために，継続的に5Sの活動を進める必要がある．5Sのプロジェクトは，現場のマンネリ化を防ぐために半年から1年程度の単位で区切るのが望ましく，結果の評価の後，プロジェクトの計画を更新するようにする．また5Sを怠ると，プロジェクトに取り組む前の状態にすぐに戻ってしまう．5Sの考え方は簡単だが，5Sを実践し，現場を常に良い状態で維持することは容易ではないということを心得る必要がある．

3.4.4 現場改善の事例

事例１ 加工職場の改善(5S・３定)

(状況・動機)

内製化と材料や仕掛品の在庫削減を進める必要があったが，工場が狭く雑然としており，内製化に必要な生産スペースも確保できない状態であった.

(改善内容)

① 材料や部品の工場内への受入れについて，部材グループや取引先ごとに場所を区画割りし，ワークを運ぶパレットや通い箱(通函)の置き方を定めた.

② 加工機ごとに第一優先ワークを看板で表示し，加工図などもラミネート加工を行った．加工機と図面と工具をセットにし，変更時の更新も容易にできるようにした.

③ 仕掛品の入ったパレットや通函の位置を加工工程ごとに定め，白線で区分した区画内に置くようにした.

④ 加工不良品(加工途中品)の置き場と置き方を定めた.

⑤ ツーリングに装着している刃具の把握と，手持ち刃具の整理棚を作った.

⑥ 工場の外に，切粉を収納するホッパーを設置した.

(改善効果)

① 材料の行き先が不明になることが激減した.

② ミスのない加工条件が設定できるようになり，加工の誤りが激減した.

③ ものの工程間移動が分かりやすくなり，部品を探すことが無くなった.

④ 不良発生工程と検査室とのやりとりが迅速になった.

⑤ 工具の選択が円滑になり，工具の行き先が不明になることはなくなった.

⑥ 切粉の処理，トラックへの積載にかかわる労力が激減し，工場の占有スペースを削減することができた.

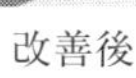

改善後

事例2　ブローチ刃具の整理棚	

（状況・動機）
ブローチ刃具は，内歯車を加工する高価な刃具で，机上で並べて保管していた．
しかし刃具の摩耗状態の確認が大変で，適切な刃研タイミングを逃すことがあった．

（改善内容）
① 摩耗状態の確認だけでなく，刃具同士の接触による刃先の破損もあるので，刃具同士が干渉しない位置にフックをつけ，縦置きにした．

（改善効果）
① 縦置きによって，刃具の取り出しがしやすくなり，認識もしやすくなった．また保管スペースを減らすことができた．
② 縦置きで固定することにより刃具の破損もなく，摩耗状況もよくわかるようになり，刃研のタイミングがつかみやすくなった．

改善後

事例3　加工用治具の改善	

（状況・動機）
部品を一個ずつ加工しており，一日当たりの完成個数に限りがあった．

（改善内容）
① 加工対象物を3枚重ねで一度に加工できる治具を開発した．

（改善効果）
① 30分 / 個の加工時間が60分 /3個で加工できるようになり33% の時間短縮の効果が得られた．
② 作業者の段取り作業回数が減ったため，他のまとまった仕事ができるようになった．

改善後

3.4.5 生産活動の遂行

(1) 日常点検

日常点検とは，受け持ち設備の自己点検が主な業務であり，設備の油量，ベルトのゆるみの確認など，決められた項目を点検することをいう．

設備の不具合が発生したら，すぐに気づくようにするため，担当メンバーと分担しあって機械の様子を常に点検することが大切である．汎用機械が中心の時代では，一人一台の受け持ちが主流だったため，日常点検で見つけることのできる軽微な不具合の発見は容易だったが，現在では自動化が進み，多台持ちが一般的なため，自分の受け持ち設備が固定されておらず，そのため不具合を発見できない場合が発生している．もう１つは，複数の機械を複数名で受け持つために，自分が担当する機械であるという愛着が薄れ，点検に対する気持ちも緩んでしまうことにある．複数台持ちになっても自分の担当範囲の工程や設備は，自分達で常に稼働できる状態に保つという意識を持つ必要がある．

現在の生産現場は競争激化のために，できるだけ設備の稼働率を上げ，生産効率を高めることが経営上の命題になっている．必要な設備を絞り込んでいる企業において，設備故障が発生すると生産日程の遅れに対する打撃は大きい．異常振動や異音の発生，油漏れなどの発見は重要である．係長や課長から指示された機械の点検は，メンバーとともに必ず行う．さらに点検表で決められた項目を形式的に点検するのではなく，設備に不具合はないか，振動や異音がみられないかを常に確認し，気づいた点があれば，すぐに上司に報告するようにする．

異常が発生している設備をそのまま運転し続けると，機械の停止というトラブルが発生するだけでなく，設備の復旧や修理費も高くなってしまう．さらに異常が発生している機械の無理な運転は，安全上も好ましくない．計画に対して生産が追いつかない状態であっても，不具合の確認やその対処を優先させる必要があるので，そのまま生産を続けることをせず，上司に確認をとったうえで，保守担当者を受け入れるようにすることが求められる．

設備の点検は，日常点検と定期点検に分けて計画し，必要が点検を確実に実施することが重要である．通常，作業者が担当する日常点検は以下のとおりである．

① 潤滑油・作動油の油量をチェックし，減り方が少ないか，異常に多く減らないかを確認する．これは各オペレーターが設備単位でそれぞれ把握する．

② 主軸モーター，サーボモーター，油圧ポンプモーター，潤滑油のモー

ターなどの各モーターに異常な発熱や，異常音がないか確認する．

③　アンメーターの付いている設備や負荷状況がモニターできる設備については，電流負荷変動の異常を確認する．

④　ベルトの緩みは，週 1 回程度，エレメント・フィルターについては 3 カ月～ 6 カ月でチェックする．

⑤　摺動面に潤滑油のしめり（摺動面に油が塗れた状態）があるか，焼き付きはないかを常に確認する．

⑥　各軸の移動時に異常はないか，低速回転時に主軸の回転ムラはないか，異常な機械振動はないかを確認する．

(2)　材料，仕掛品の不具合の発見とその対処

製品を製造する過程で，寸法，傷，加工不良などの前工程での不具合を見つけたらすぐに報告する．1 個流しをしている生産現場では，不良品の発生を最小限に食い止めることができるが，ロット生産の現場では，ロット単位に不良品となる危険が高い．

製品の品質は工程で作り込むのであるから，工程の不具合を見つけたら，すぐに連絡を取り，適切な処置をとることが大切である．また，材料の受入れに伴う品質確認はベテランが行う．工程に投入してしまってから不具合がみつかると，作業した工数がすべてムダになるからである．

3.4.6　実績報告

実績報告とは，生産の計画を立案し，それを現場に指示した後に，実際に行われた生産活動の結果を報告することである．実績把握の方法は，企業の規模や製造ラインの特徴によって大きく異なっている．中堅規模以上の企業では，生産管理情報システムの構築が進んでおり，バーコードを用いたスキャナを利用して各工程で実績を入力するか，自動化ラインでは，製品がラインを通過する際に，それを自動的に読み取ることで，生産の実績を収集する仕組みが構築されている．

一方，中小零細企業などでは，資金的に実績収集システムの導入ができないところが多く，紙ベースの作業日報で生産の実績を把握していく方法がとられている．しかし，作業日報を全員に周知して記入し，それを 1 カ所で毎日集計し，デジタル化することによって確実な実績把握が可能になる．

作業指示は，班別，機械別に，作業者と作業量が指示され，それに対する実績は，作業日報により把握される．作業日報とは，各人がその日の仕事の結果として，「何をいくつ，どんな作業をして実現したか」を記述したものである．1日の作業の終わりに各人が作業日報に仕事の結果を記述する．作業日報は1カ所に集められ，データの入力が行われる．

作業日報の集計結果は，本人・職場，もの・工程，時間・個数の関係で得られる．係長以上のメンバーは，作業日報の集計結果を定期的に開催される生産会議において報告し，実態の確認と改善の方向付けを行う．更に会計データから得られる損益計算書と貸借対照表との関連で事業改善・経営改善につなげていくと，好循環な改善のサイクルが回り始める．

作業日報のデータは，毎月，部品ごと，部門ごとに集計され，集計結果をもとに部門別の有効実働比率や総合効率を分析する．分析結果は，工程改善や作業改善に活かされる．

3.4.7　安全管理

安全管理とは，職場における安全を維持し，災害を未然に防止する諸活動である．具体的な活動として，作業環境の整備，機器などの点検・整備，保護具の点検と適切な利用，発生災害の原因調査と対策，安全教育・避難訓練，安全に関する情報収集・資料整理などがある．

安全管理における活動について，危険予知訓練(Kiken Yochi Training：KYT)は，作業者が事故，あるいは災害を未然に防ぐことができるようにするため，その作業に隠れている危険を予想し，指摘しあう訓練である．

また，建設現場などでよく用いられるツールボックスミーティング(Tool Box Meeting：TBM)では，工具箱(ツールボックス)のそばに集まった作業者が安全作業について話し合うというアメリカの風習を取り入れた活動である．また，ZD運動(Zero Defects：ZD)は，無欠陥になるようにするため，ミスや欠点の排除をめざす活動である．

ヒヤリ・ハットとは，重大事故には至らなかったが，ヒヤリとしたり，ハッとしたりしたことである．重大事故には，事前にヒヤリ・ハットが潜んでいる可能性があることから，各個人が経験したヒヤリ・ハットの事例を集め，共有することで，重大事故を予防することができる．ハインリッヒの法則によれば，「重大事故の裏には29倍の軽度な事故と，300倍のニアミスが存在する」

ということであり，この活動の根拠となっている．

ヒューマンエラー(Human Error)とは，人為的過誤や失敗(ミス)のことをいう．製造現場ではポカヨケなど，さまざまなヒューマンエラー対策が行われている．また3H作業とは，初めてやる作業(Hazimete)，久しぶりに行う作業(Hisashiburi)，手順・方法が変更された作業(Henkou)であり，普段に比べ特にミスや失敗が発生しやすい作業である．そのため3H作業に取り組む際は，特に注意が必要である．

フェイルセーフ(fail safe)とは，誤操作や誤動作によって設備に障害が発生した場合に，安全側になるよう制御することをいう．一定の温度以上になるとヒューズが溶融し，システムが停止するなどである．またフールプルーフ(fool proof)とは，誤った操作ができないようにするとともに，仮に操作を間違っても故障や危険な状態にならないようにする設計の考え方である．バックアップ(backup)とは，予備を確保することである．コンピュータシステムでは，データを複製し，問題が生じても複製を使用して復旧できるようにすることである．また冗長設計は，システムを二重化し，片方が故障してもシステムが停止しないようにすることである．

3.5　作業管理

作業管理は，現場の作業者の作業を改善，標準化し，生産の量と質を一定に保つための管理活動である．これらの管理活動を推進するためには，基本となる手法や基準を設定して工程や作業を分析し，不必要な作業を排除し，よりよく改善した作業方法や作業時間を標準化することである．

生産工程において原材料や部品に変化を与え，価値を付加していくとき，人や機械が行う作業の方法や時間を検討し，生産性を向上させることを作業研究[7]という．作業研究はIE(Industrial Engineering)の基礎を形成し，方法研究と作業測定に大別される．作業のやり方を設計する方法研究では，仕事の流れを分析する工程分析と，人間の動作を分析[8]し，無駄な作業の排除や最良の方法を設計する動作分析に分類できる．また作業測定は，仕事を構成単位に分析して，単位ごとの時間を測定し評価する時間研究と，比較的長期にわたり仕事の稼働状態を分析する稼働分析に分類できる．

3.5.1　動作改善の手法

作業の動作改善で役に立つ考え方は，動作経済の原則と動作分析である．動作分析とは，「人間の身体部分と目の動き」を分析し，最良の作業方法を決めるための手法である．一般に工程分析で問題として取り上げられた工程を，さらに詳細に分析し，改善するために使われる．動作分析では，ムリ，ムダ，ムラのない作業を見分け，標準作業の設定や改善に役立たせることを目的としている．動作分析の手法には，両手作業分析や微動作分析がある．両手作業分析とは，作業者の両手動作の流れを左右の関連性を考慮しながら分析・改善する手法である．また微動作分析には，サーブリッグ法がある．人の動作を「つかむ」，「運ぶ」など，いくつかの基本の要素に細分化して，それぞれの要素の中で，ムダな動作を排除し，改善を進めていくものである．作業者の動作を微細な点まで観察することによって，動作の違いに気がつくこと，その違いから動作の良し悪しを判断できるようになり，良い動作を作ることができる．サーブリッグ法では，動作の基本要素（動素ともいう）を18に分類する．またそれぞれの要素を第１類から第３類までの３つのグループに分ける．図表3.16に動作の基本要素を示す．

第１類：動作の基本となるものである．

　　つかむ，から手，運ぶ，放す，調べる，組合せ，分解，使う

第２類：第１類の動作を遅れさせるものである．

　　探す，見つける，選ぶ，位置決め，考える，前置き

第３類：仕事が行われていない状態をさす．

　　保持，避け得ぬ遅れ，避け得る遅れ，休む

(1)　サーブリッグ法の進め方

分析範囲を確認し，問題のある作業を選定するとともに，選定に漏れがないようにする．調査の目的と対象が決まったら，観測対象の作業を受け持つ関係者に十分な説明を行う．特に改善後の作業を定着させるためにも，十分な理解と協力が得られるように努める．それぞれの動作を基本要素に分類してムリ，ムダ，ムラを発見し，ECRSなどの着眼を参考に改善する．ビデオ撮影した動画を，コンピュータ上で分析する専門ソフトウェアを使うと効率的な分析作業を進めることができる．動作は以下の３つに分類される（図表3.16）．

第１類－作業にとって必要となる動作であるが，動作順序の変更や，簡素化

図表 3.16　動作の基本要素

	記　号	名　　　称	意　味
第1類		つ　か　む	対象物を手または，からだの一部でコントロールする動作である．
		か　ら　手	対象物に手を伸ばす，または戻す動作である．
		運　　　ぶ	対象物の位置を変える動作である．
		放　　　す	つかむ，の反対の動作である．
		調　べ　る	対象物の質を調べる動作,「組み合わせる」「使う」「分解する」などと同時に発生することが多い．
		組　合　せ	組み合わせる動作である．
		分　　　解	「組合せ」の反対で，分離する動作である．
		使　　　う	工具や手により，対象物を作業の目的に近づける動作である．
第2類		探　　　す	違うものが混じった状態から，対象物を探す動作である．
		見　つ　け　る	「探す」の後で，発生する動作である．
		選　　　ぶ	2個以上の中から，1個または複数個を選ぶ動作である．
		位　置　決　め	1つの対象物を他の対象物の所定位置に置く動作である．
	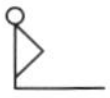	考　え　る	つぎの動作を考えるための中断である．
		前　置　き	対象物を所定の姿勢に変更する．
第3類		保　　　持	対象物を動かないように支える動作である．
		避け得ぬ遅れ	作業の中断のこと．体の他の部位が動作中であり，片手あるいは両手が遊んでいる状態である．
		避け得る遅れ	作業方法の一部ではない作業の中断のこと．作業者の意思で省くことができる．
		休　　　む	疲労回復のための中断である．

による時間の短縮を考える．また第１類の中でも本当に付加価値をつけているのは「組み合わせる」,「分解する」,「使う」だけであるので，その他の要素については排除を考えるようにする．

第２類－第１類の動作に要する時間を遅らせるので排除を考える．ものの動かし方，工具や部品のおき方の検討，工具や治具そのものの改良を検討する．

第３類－あきらかに仕事が行われていない状態を指し，排除は最も効果的であるので，最初に，検討すべきである．

(2) 動作経済の原則

ギルブレスは，動作改善の研究を通じて，動作経済の原則を示した．動作経済の原則とは，疲労を最も少なくし，有効な仕事を効率的に増やすための経験的な法則である．①身体使用の原則，②設備及び配置の原則，③機械機器，設計の原則がある．例えば，身体使用の原則の代表的なものは，以下のとおりである．

1. 両手で同時動作をはじめ，同時に終わるとき，手待ちが発生しなければ生産量は最大となる．
2. 両手の動作はお互いに対称で，反対の方向に，しかも同時に行うとき，自然のリズムで動作が行える．
3. 手指や身体の動作はできるだけ抹消部位で行えるようにする．

3.5.2 稼働分析

生産現場では，人や機械の動きによってさまざまな仕事が行われる．例えば，人の動きには，「材料をとる」，「加工する」，「運搬する」など多くの作業により仕事が進められる．したがって，これらの各作業の稼働状況を把握し，分析することは，きわめて重要である．

しかし，各作業の稼働状態を把握し，分析を進めるためには，作業をいくつかに分類し，それらの基準に基づき分析を進める必要がある．稼働分析を行うためには，作業内容を作業，余裕，非作業などの生産的，非生産的要素に分類することが必要になる．

図表3.17に，作業者が行う作業の分類を示す．稼働分析とは，一定期間のなかで仕事を観測し，生産的，非生産的要素を分析することによって，人や機械がどのような要素にどれだけ時間をかけているかを明らかにし，それをより良いシステムに改善することである．

稼働分析の方法には，連続観測法と瞬間観測法（ワークサンプリング法）がある．連続観測法は，稼働状態を，長時間にわたり観測する方法であり，発生した事象を漏らさず記録するので徹底的な調査ができる．ワークサンプリング法は，ある時刻の作業状態を瞬間的に観測し，「観測時刻で何が行われていた」

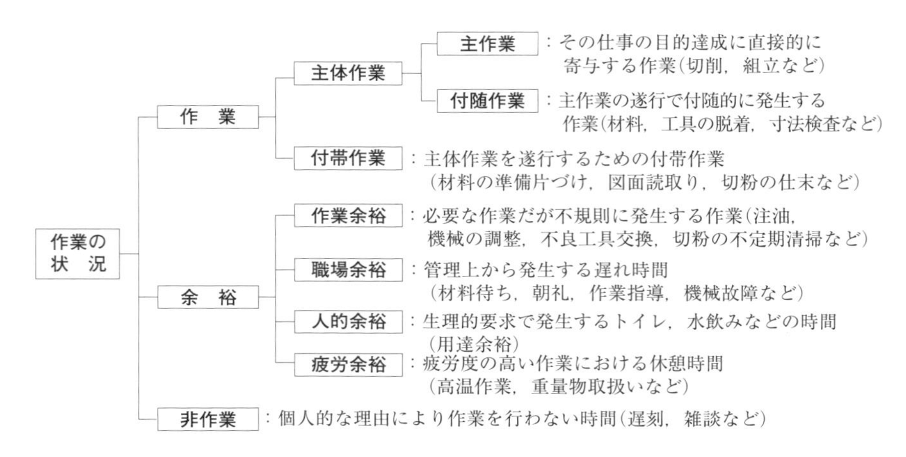

図表 3.17　作業の分類

かを，繰り返し記録することにより，稼働率と余裕率を求める方法である．

次に，ワークサンプリング法の実施手順を示す．

① 観測目的を明確化する．生産を阻害する要因を把握する場合と，標準時間を設定するために余裕率を求める場合がある．

② 観測目的に基づいて，観測の対象の範囲や観測項目を決定する．観測項目を決めるためには，観測対象を層別することが重要である．

③ 観測時刻は観測結果に偏りがなく，観測期間中のすべての時点が選ばれるようにする．観測回数は多いほど良いが，観測日数や費用などの制限事項も考慮して決める必要がある．

④ 効率的に観測できるように経路を選択する．

⑤ 観測対象の範囲や対象とする人(または機械)の数，作業分類から選んだ観測項目を確定し，観測用のワークシートを設計し，観測時刻ごとに対象者が行っている作業内容を記録する．集計した観測結果の例を，図表 3.18 に示す．

観測期間中の総観測数(N)は，

$$N = 1\text{日の観測回数} \times \text{対象数} \times \text{観測日数}$$

であり，稼働率の算出は，次の式に従う．

$$\text{稼働率} = \frac{\text{稼働要素の総発生回数}}{\text{総観測数}}$$

作業分類		作業内容	頻度
作業	主作業	切削	312
	付随作業	取り付け	60
		取り外し	45
		計測	15
	付帯作業	段取り	15
余裕	作業余裕	注油	8
		調整	12
		点検	8
		運搬(主体作業を除く)	20
		歩行中(主体作業を除く)	8
	職場余裕	打合せ	5
		手持ち	15
		事務記録	7
		朝礼	6
非作業		休憩	7
		不在	8
		手休め	5
		合計	556

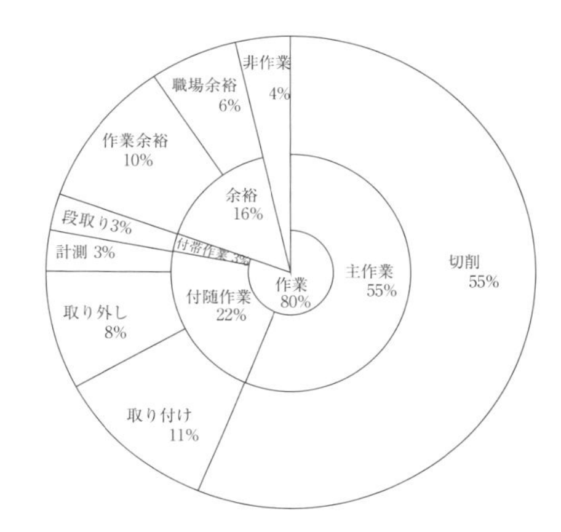

図表 3.18　観測結果の集計

3.6　在庫管理

3.6.1　在庫管理の基本

在庫管理で重要なことは，生産に必要な品目がどこにあるかわかっていること，品目を保管しやすく，取り出しやすいように管理されていることである．資材を搬入する際には決められた場所で受入処理を行い，所定の在庫棚に置く．棚位置の管理には，固定ロケーションとフリーロケーションがある．

(1)　定期発注方式

定期発注方式とは，見込み需要量と在庫量(手持ち在庫量＋発注したが未入荷の量)から必要量を毎期算定し，発注する方式(図表 3.19)である．重要品目で単価の高い品目や，需要の変動が大きい品目で採用される．需要量の変動に対して，発注量は変動し，発注間隔は一定になる．

発注量 ＝(調達期間 ＋ 発注間隔)× 単位期間当たりの需要量の平均
＋ 安全在庫量(S)－ 発注時の手持ち在庫量 － 発注残

安全在庫量(S)は，α：安全係数，L：調達期間，T：発注間隔，sd：単位期間当たりの需要量の標準偏差(例えば，ある製品の1日の需要は，平均100個で標準偏差20の正規分布に従うなど)のとき，発注間隔に調達期間を加えた期間の需要量のばらつきに，安全係数を考慮して次式で与えられる．

$$S = \alpha \times \sqrt{(L + T)} \times sd$$

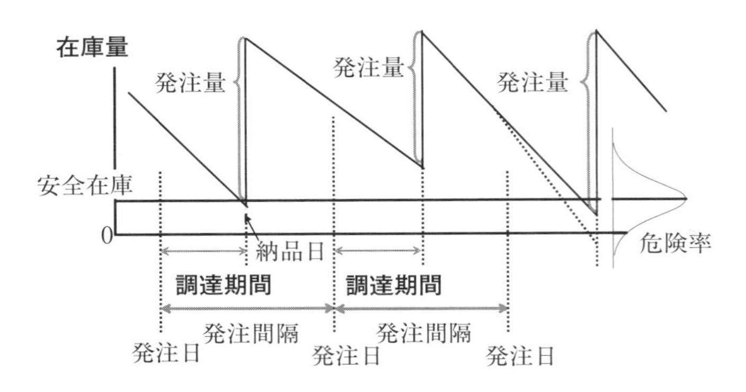

図表 3.19　定期発注方式

(2)　定量発注方式（発注点法）

定量発注方式とは，発注点とよばれる在庫水準をあらかじめ定めておき，在庫量（手持ち在庫量 + 発注したが未入荷の量）が発注点を下回ったら，あらかじめ決められている発注量をその時点で発注する方式（図表 3.20）である．

購入単価の比較的安い品目に対して採用される．需要量の変動に対して，発注量は一定であり，発注間隔が変動する．

発注点は，次の式となる

$$P = ad \times L + S$$

ただし，ad = 単位期間当たりの需要量の平均，L：調達期間，S：安全在庫量とする．また，安全在庫量 S は，α：安全係数，L：調達期間，sd：単位期間当たりの需要量の標準偏差のとき，次の式となる．

$$S = \alpha \times \sqrt{L} \times sd$$

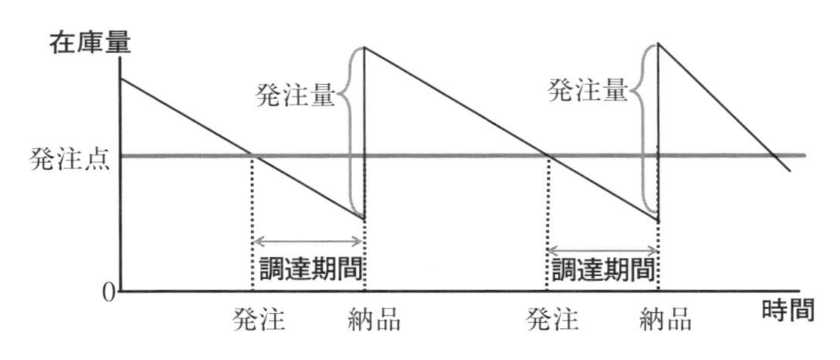

図表 3.20　定量発注方式

ただし，5% の欠品，すなわち 20 個に 1 個の品切れ率を許容するとき，安全係数は 1.65 であり，1% の場合，安全係数は 2.33 である．

(3) EOQ

材料や部品をまとめて発注すれば，値引きにより安く購入でき，一度に配送すれば配送コストが減り，伝票発行や発注にかかる事務手数も減るので，1 個あたりの発注費用が安くなる．一方，材料や部品をまとめて購入すると，それらを保管するためのコストが発生する．一回あたりの発注において，発注に関係するコストを最小化する経済的な発注量 Q を求めるためには，経済的発注量(Economic Order Quantity：EOQ)を使用する(図表 3.21)．

ただし，A：発注ごとの発生コスト，D：一定期間内の需要，h：一定期間内の在庫保管費用とするとき，在庫維持費用は $hQ/2$，発注費用は AD/Q となり，$hQ/2 = AD/Q$ から，Q = 経済的発注量は，次の式で示される．

$$Q = \sqrt{2AD/h}$$

EOQ の総コストがなだらかな箇所は，ロットサイズを大きく変化させても，総コストはあまり変わらない．工場改善の本質的な対策は，ものの流れに沿っ

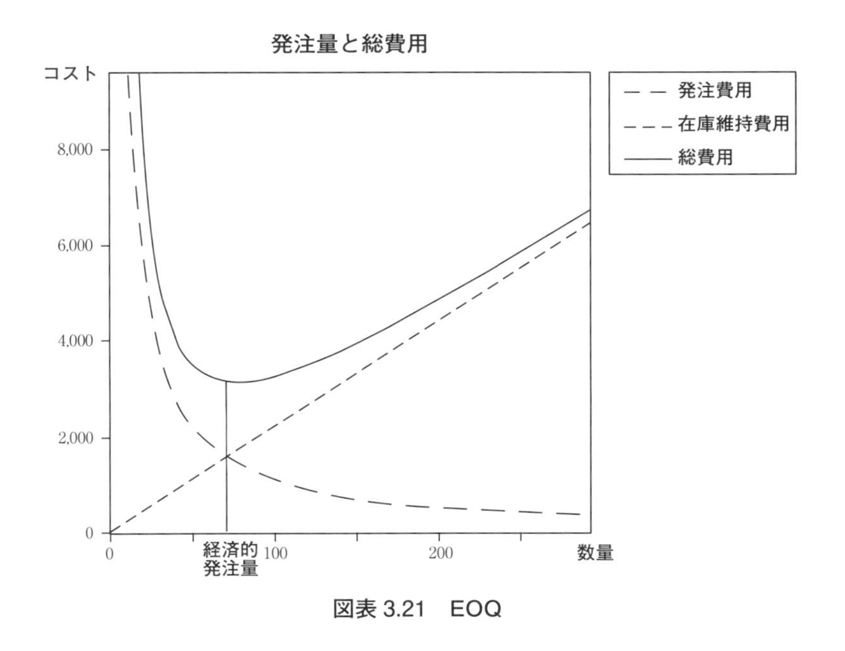

図表 3.21　EOQ

てロットサイズをできるだけ小さくすることなので，総コストが極端に増えないかぎり，ロットサイズはできるだけ小さいほうがよい．また総コストを下げるためには，発注時に必要となる発注費用を下げていくと，EOQ を大幅に削減することができる．

(4)　その他の管理方法

①　補充点法

在庫量を補充点と同じになるように保つ方式である．出庫した分を補充する場合と，ある一定量を下回ったら補充する方式がある．定期的に補充する方式もある．

②　２ビン方式

２つの容器を用意し，片方がなくなったら発注する方式である．１つの容器内の容量は発注点であり，発注量でもある．発注から納入までの間に品切れを防ぐためには，容器内の容量は，納入リードタイム期間中の需要量の期待値と，その間の需要量のばらつきを考慮した数量の合計よりも多くなければならない．

③　不定期不定量発注方式

発注点をあらかじめ定めておき，発注点を下回ったときに，需要量を考慮しながら，その都度，発注量を計算する方式である．

3.6.2　在庫管理のポイント

在庫管理のポイントには，

①　5S・３定の推進
②　保管場所の徹底，良品，不良品置き場の識別
③　棚管理の工夫と先入れ先出し法の採用
④　小ロット化による在庫削減
⑤　流れ生産による仕掛かり在庫の削減
⑥　在庫精度の向上
⑦　部品の共通化
⑧　運搬活性示数の利用

があげられる．活性示数とは，バラ置き：示数０，箱入りの状態：示数１，パレット置きの状態：示数２，車上置きの状態：示数３，移動中の状態：示数４

であり，活性示数が高くなるほどムダが少なくなる．

3.7　工場財務と原価管理

3.7.1　原価計算の基礎

製造の原価を把握するためには，原価の集計方法について理解する必要がある．図表 3.22 に製品原価の構成を示す．製造原価は，材料費，労務費，経費から構成され，直接費と間接費からなる．そして，営業費を加えたものが総原価となり，利益を加えて販売価格となる．次に，原価計算は標準原価計算，実際原価計算(全部原価計算)，直接原価計算に大別される．標準原価計算については，標準原価を目標原価として計算し，実際原価との差異を分析することにより原価の低減をめざす．

実際原価計算は，実際に消費した費用を計算した原価であり，費目別原価，部門別原価，そして製品別原価の順で計算が行われる．実際原価計算は，個別原価計算と総合原価計算からなり，製品を個別に生産する場合については個別原価計算，量産品については総合原価計算が用いられる．さらに，総合原価計算は，単純総合原価計算，組別総合原価計算，等級別総合原価計算，工程別総合原価計算に分類することができる．

直接原価計算については，原価を固定費と変動費に分けて計算する．全部原

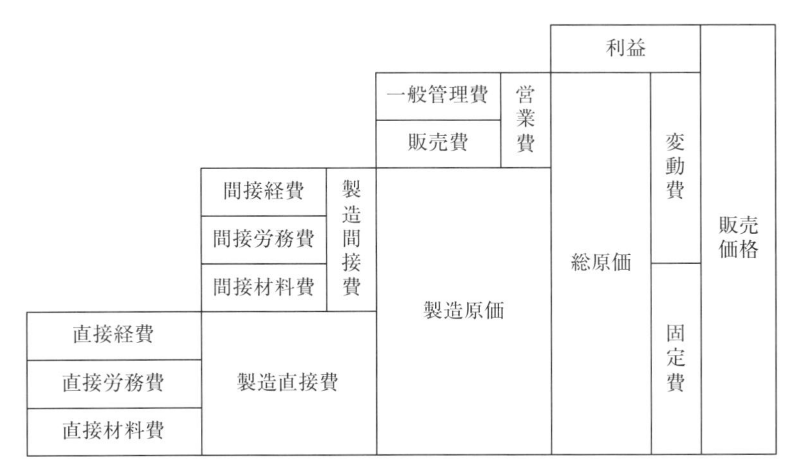

図表 3.22　製品原価の構成

価計算は，製造間接費を予定配賦率で各製品に配賦し，算定する方法であるが，直接原価計算は，変動費のみで製品原価を計算する方法である．変動費とは，売上に比例して変動する費用であり，原材料費や販売手数料などがある．固定費とは売上に関係なく一定額発生する費用であり，減価償却費や賃貸料などがある．

全部原価計算と直接原価計算の違いを，図表3.23と図表3.24に示す．図表3.25に示すとおり，期首在庫や期末在庫がないときは，販売量と生産量が同じで在庫の変動がない場合であり，両者の利益は同じになる．このため前期は利益が同じであるが，当期のように期末在庫がある場合には，両者の利益が異なる．これは，全部原価計算では固定費を売上の際に計上するが，直接原価計算では当期に発生した固定費を全額計上するためである．

つまり，販売量と生産量が等しく，在庫変動がなければ，全部原価計算と直接原価計算の利益は同額となるが，生産量の方が販売量より多い場合は，全部原価計算の利益の方が多くなる．一方，販売量が生産量より多い場合は，直接原価計算の利益の方が多くなる．全部原価計算は繰り越された固定費分が当期の売上原価に含まれるので，その分，利益が少なくなるためである．利益の差ついては，直接原価計算による営業利益を固定費調整することによって全部原価計算の営業利益と一致させることができる．

また，財務諸表の作成では，直接原価計算は認められていない．その理由には，固定製造費は当期の期間費用として売上高に対応させていること，変動費と固定費の分解に恣意性があるなどがあげられる．しかしながら，全部原価計算では在庫が増えると利益が増えるという点に問題があり，直接原価計算は，変動費を除いた限界利益から，固定費の回収を考えることができるので，実際の工場運営では直接原価計算の方が現実的といわれている．

例えば，販売単価500円，変動製造原価@80円，固定製造原価54,000円，変動販売費@30円，固定販売費12,000円，一般管理費23,000円で，前期と当期の生産量，販売量を図表3.25のようにする．

全部原価計算では，以下のようになる．

売上高　前期：@500 × 400 = 200,000，当期：@500 × 420 = 210,000

売上原価　前期：変動売上原価@80 × 400 = 32,000，固定売上原価54,000

当期：変動部分@80 × 420 = 33,600，固定部分54,000/450 × 420 = 50,400

販管費　前期：12,000(変動販売費：@30 × 400円) + 12,000 + 23,000 = 47,000

図表 3.23 全部原価計算による計算例

全部原価計算

	前期	当期
売上高	200,000	210,000
売上原価	86,000	84,000
直接材料費		
直接労務費		
製造間接費		
売上総利益	114,000	126,000
販売費・一般管理費	47,000	47,600
営業利益	67,000	78,400

図表 3.24 直接原価計算による計算例

直接原価計算

売上高	200,000	210,000
変動売上原価	32,000	33,600
直接材料費		
直接労務費		
変動販売・管理費	12,000	12,600
限界利益	156,000	163,800
固定費	89,000	89,000
固定製造間接費		
販売費・一般管理費		
営業利益	67,000	74,800

図表 3.25 前期・当期の生産量，販売量の例

	前期	当期
期首生産在庫量	0	0
当期生産量	400	450
当期販売量	400	420
期末製品	0	30

当期：12,600(変動販売費：@30 × 420 円) + 12,000 + 23,000 = 47,600

直接原価計算では，

売上高　前期：@500 × 400 = 200,000，当期：@500 × 420 = 210,000

変動売上原価　前期：@80 × 400 = 32,000，当期：@80 × 420 = 33,600

変動販売管理費　前期：@30 × 400 = 12,000　当期：@30 × 420 = 12,600

固定費　固定製造原価 54,000，固定販売費 12,000，一般管理費 23,000

となり，両者の当期の差額は，54,000/450 × 30 = 3,600 円となる．生産量と販売量との差分である 30 個分が棚卸資産として次期に繰り越されるため，全部原価計算の方が固定費部分の売上原価が少なくなるからである．

3.7.2　損益分岐点分析

損益分岐点図表は，横軸に売上高，生産数量，縦軸に売上高，費用をとり，売上高，変動費，固定費及び利益の関係を図表化したものである（図表3.26）．売上高と，変動費＋固定費である総費用が交差する点が損益分岐点で，売上と費用が同じになる点である．

損益分析点の左側の費用が売上よりも上回る範囲では，損失が発生していることを示しており，右側の売上が費用を上回る範囲では，利益に結びついていることを示している．

変動費 ＝ 売上高 × 変動費／売上高 ＝ 売上高 × 変動費率
総費用 ＝ 売上高 × 変動費率 ＋ 固定費

限界利益 ＝ 売上高 － 変動費
＝ 売上高 － 売上高×変動費率
＝ 売上高（1－ 変動費率）

利益 ＝ 売上高 － 総費用
＝ 売上高 －（変動費 ＋ 固定費）

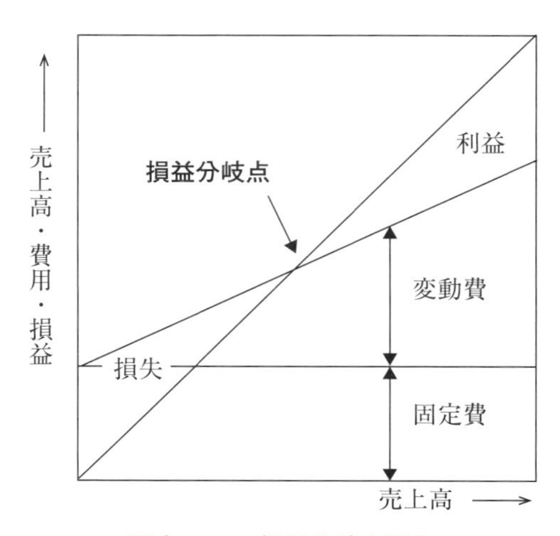

図表3.26　損益分岐点図表

= 限界利益 − 固定費

損益分岐点は，利益がゼロとなる売上高のことであるので，図表 3.27 に示すように限界利益＝固定費が成り立つ．このことから，損益分岐点は次のようにして求めることができる．

売上高	変動費	
	限界利益	固定費
		利益

図表 3.27 限界利益

① 損益分岐点の販売数量（生産数量）を求める式

販売数量 × 単位当たりの限界利益 = 固定費

$$販売数量 = \frac{固定費}{単位当たりの限界利益}$$

② 損益分岐点の売上高を求める式

売上高 × 限界利益率 = 固定費 （限界利益率＝限界利益÷売上高）

$$売上高 = \frac{固定費}{限界利益率} = \frac{固定費}{1 - 変動費率}$$

③ 目標営業利益を達成する売上高

$$売上高 = \frac{営業利益 + 固定費}{限界利益率}$$

④ 目標営業利益率を達成する売上高

$$売上高 = \frac{固定費}{限界利益率 - 営業利益率}$$

3.7.3 TOC のスループット会計

TOC（Theory of Constraints）のスループット会計では，売上 − 直接材料費をスループットと呼び，それ以外の費用を業務費用（OE）とし，以下とする．

利益 = スループット − 業務費用

直接原価計算では変動費である直接材料費，直接労務費，変動間接費を売上から差し引いたものを限界利益（貢献利益）としたが，TOC では，直接材料費のみを扱うことによって，計算構造を簡単にしている．そして，スループット（T）を増大させ，在庫（I）を減少させ，業務費用（OE）を減少させるという 3 点に着眼することによって，業績の改善をめざす枠組みになっている．

3.7.4　設備投資計画

(1)　投資計画の考え方

企業経営における生産性の向上は，機械化，自動化，少人化によって図られ，それらを推進することによって大きな効果が期待できる．企業競争力の維持のためには，毎年ある一定金額を設備投資に回し，経営の効率化を継続的に進めていくことが求められる．設備投資にあたっては，技術的側面と経済的側面の両面からの検討を行い，適切な計画のもとに設備投資が実行されなければならない．

(2)　設備投資の経済性

設備投資は企業の資金力以上の一時的な支出が伴うことが多いので，投資にあたっては，経営上，技術上の十分な検討が必要である．検討にあたっては事業戦略に基づき，どの製品をどういう配分で販売するのかという戦略と，販売の動向や予測などをもとに必要な設備投資を決定する．

図表3.28に正味現在価値法(NPV)の構造を示す．Iは設備投資による支出であり，Rは設備の導入により見込まれる収入である．R1は1年後の収入のため期待利益率kで除して現在価値を算出する．R2は2年後の収入のため$(1+k)^2$で除して現在価値とする．これらを3年目以降もすべて行って加えたものをZとする．ZからIを引いた正味現在価値Vが0以上になることが投資の最低条件である．

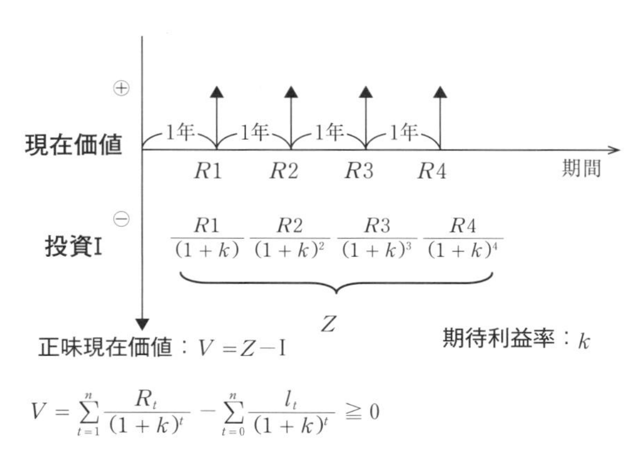

図表3.28　正味現在価値法（NPV）

(3) 設備の減価償却

設備の減価償却とは，一定金額以上の設備を購入したときには，設備を購入したその年に，その全額を損金に計上するのではなく，資産に計上し，毎年，取得価格に対する一部の金額を耐用年数が経過するまで償却していくことをいう．償却の方法には，毎年一定金額を償却していく定額法，残存価格に耐用年数に応じた一定の率を乗じて算出した金額を償却していく定率法がある．

3.7.5　活動基準原価計算／活動基準原価管理

コストマネジメントの方法として，原価企画が直接費の管理を対象としているのに対して，活動基準原価計算(Activity Based Costing：ABC)／活動基準原価管理(Activity Based Management：ABM)においては間接費の管理[9]が対象になる．昨今，製品が複雑になるにつれて，設計費，段取費，検査費などのコストが増大してきており，これらの活動に適した活動作用因で製品原価を算定しないと原価が歪んでしまうことから，ABC が考え出された．

ABC では，製品が活動を消費し，活動が資源を消費するという考え方をする(図表3.29)．資源ドライバーによって，資源を資源消費に基づいて活動(活動及びコストプール)に割り当て，次にこの活動の原価を活動ドライバー(活動作用因)によって原価計算対象である製品や顧客に割り当てる．ABM では，この活動を分析し，不必要な活動と決められた基準に達していない活動のムダの原因を排除することを基本としている．

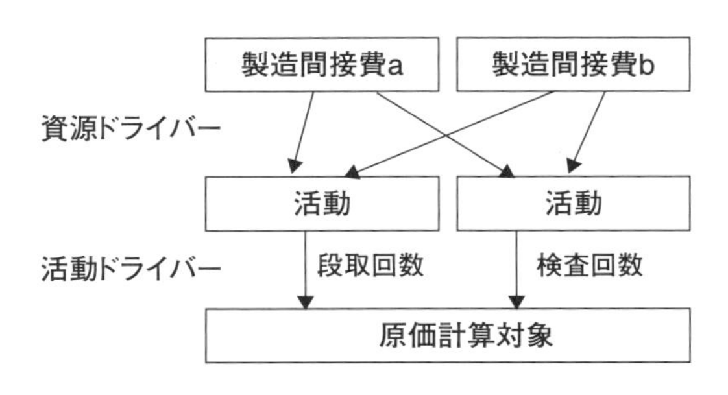

図表 3.29　ABC によるコスト割当

3.7.6　経済性工学

生産活動を行うとき，さまざまな条件のもとで意思決定をしなくてはならない．本節では，手不足状態と手余り状態の経済性[10]について説明する．手不足状態とは，工場に手待ちがなく稼働時間一杯に仕事が入っている状態をいう．例えば，売価10万円の製品の材料費が2万円のとき，生産の途中で失敗して製品を作り直したときには，10万円の損失になる．

一方，手余り状態とは，工場の稼働時間に対して仕事量がなく，作業者に手余りが生じている状態をいう．同じ条件で失敗が発生したとき，手余り状態での損失額は2万円になる．設備を改良して生産性が向上するような場合，利益の異なる製品の受注を選択する際なども同様に考える必要がある．意思決定を行う際には，正しい経済性の評価を行ってから，実務的な対応を選択すべきである[11]．

3.7.7　原価低減へのアプローチ

(1)　財務諸表と経費削減の関係

工場経費の削減活動が，図表1.13(p.21)に示す財務諸表のどの費目に関係するのかを示す．①売上原価は，材料費として，歩留率の向上，材料単価の低減があげられ，労務費として，作業方法やレイアウトの改善，適正な人員配置，多能工化，機械化，少人化があげられる．②流動資産(棚卸資産)は，生産期間や製造方法の見直し，在庫管理の徹底などがあげられる．③固定資産は，設備の有効活用，稼働率の向上，設備保全があげられる．

(2)　部門別のコスト削減

工場の各部門からみたコスト削減項目について示すと，①製造部門では，人員の有効活用，段取り工数や作業工数などの直接労務費の削減があげられる．また，②関係部門の原価低減として，設計部門では，材料費や直接工数の削減が可能な設計，設計に関する人件費の削減や，設備部門では，製造経費の削減，設備改善，設備保全，光熱費節約，非稼働工数の削減などがあげられる．生産管理では，直接労務費や製造間接費の削減，資材管理では，材料費や製造間接費の削減，外注部門では，外注加工費の削減，さらに品質管理では，材料費，直接労務費，製造間接費の削減などがあげられる．

3.8　品質管理

3.8.1　品質管理の体系

品質管理とは，JIS Z 8101：1981において「買い手の要求に合った品質の製品やサービスを経済的に作り出すための手段の体系」と定義されている．製品やサービスの品質を高めるために，PDCAサイクルを回す活動を行う．

品質管理は基本的に，事実に基づいた管理を実現するための管理活動であり，統計的方法を用いた管理や改善の推進を，統計的品質管理(Statistical Quality Control：SQC)と呼ぶ．SQCの特徴は，データに基づき物事を考え判断する，原因と結果で考える，重点指向で考える，ばらつきを考慮する，ことなどである．

総合的品質管理(Total Quality Control：TQC)とは，全社的な品質管理(CWQC)を進める管理活動である．その後，TQCは進化し，現在ではTQM(Total Quality Management)と呼ばれている．

日本における品質管理の発展の歴史は，当初，デミングとジュランが来日して品質管理の指導を行ったことから始まった．1951年に日本においてデミング賞[12]が創設され，日本の品質管理が発展していった．特に1962年に創刊された『現場とQC』誌において，石川馨によって推奨された小集団活動は，全国的なQCサークル活動に発展した．1970年代から1980年代には，日本の製品品質は米国に追いつき，今度は，米国が日本の品質管理に注目するようになった．田口の品質工学やパラメータ設計をタグチメソッドと名付けて利用を始め，トヨタ生産方式を研究し，リーン生産方式として米国の製造業に普及させた．さらに米国製品の品質向上が国家の重要課題となり，1987年にマルコム・ボールドリッジ賞が創設された．また，同年には品質マネジメントシステムの要求事項を規定したISO 9000シリーズが制定[13]された．日本においては1993年頃にバブル経済が崩壊し，その後，米国製品の競争力強化に貢献したマルコム・ボールドリッジ賞を研究し，1995年に日本経営品質賞[14]が創設された(1.6.3項を参照)．1999年にはJIS Z 8101：1981(品質管理用語)は廃止され，国際規格であるISO 9000sの定義が使用されるようになった．ISO 9000sでは品質マネジメントシステムとして定義されており，その中で品質管理とは「品質要求事項を満たすことに焦点を合わせた品質マネジメントの一部」と示されている．また，2000年に入ると国際競争に勝ち抜く企業の輩出を狙いとして日本品質奨励賞(TQM奨励賞・品質革新賞)[15]が設立された．TQM奨励賞はデミング賞の受賞レベルに至る可能性のある組織の品質マネジメントシステムを積極的に表彰することを目的としている．

当初の品質管理は，製品の品質に焦点があたっていたが，現在では，業務の質，あるいは経営の質にまで及ぶ概念になっている．

(1)　品質の分類

品質を顧客満足度の視点から分類した狩野モデルによれば，備わっていても当たり前，備わっていなければ不満であるという品質を「当たり前品質」，備わっていれば満足，備わっていない場合は仕方がないという品質を「魅力的品質」としている．さらに品質には，備わっていれば満足，備わっていなければ不満という「一元的品質」，備わっていてもいなくても，満足を与えず不満にもならないという「無関心品質」，備わっているほど不満を感じ，備わっていないほど満足につながるという「逆品質」がある．

(2)　PDCAサイクル

Plan(計画)，Do(実行)，Check(評価)，Act(改善)を1つのサイクルとし，このサイクルを繰り返し回していくことによって，継続的に職場を改善していくことをいう．PDCAサイクルをQCサークル活動により回し続け，職場の管理や改善を進めていくと，メンバー間の情報共有や協力関係が強化され，組織の体質強化に結びつく(図表3.30)．

(3)　検査の定義

検査とは，品物またはサービスの一つ以上の特性値に対して，測定，試験，ゲージ合わせなどを行って，規定要求事項と比較して，適合しているかどうかを判定する活動である．現在では，JIS Z 8101-2：2015が参照される．検査は受入検査，工程内検査，製品・出荷検査に大別される．受入検査は，外部から購入する材料や部品を受入段階で検査し，購入依頼した品物が仕様書どおりになっているかを判定することである．工程内検査は，次の工程に仕掛品を送ってよいかを判定するために行う検査である．製品・出荷検査は，完成した製品を出荷してよいかどうかを検査するものである．取り決めた性能が保証できているか，製品に不具合はないかを判定する．

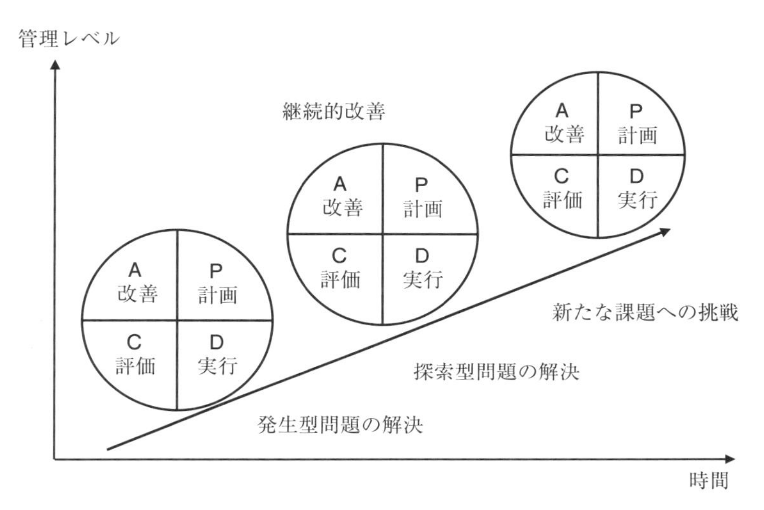

図表 3.30 PDCA サイクルによる継続的改善

検査の項目には，数量検査，外観検査，寸法検査，重量検査，性能検査，構造検査などがある．検査項目を決めた後，良品，不良品を判定する基準を設定し，不良品については，不良内容に応じて適切な処置をとっていく．

また，品物の検査を行う場合，製品を１つずつ検査する全数検査と，生産ロットの中からいくつかのサンプルを抜き取って検査する抜取検査がある．

(4) 統計的なものの見方

統計的品質管理では，データに基づき判断すること，データを分析し原因を探し出してから，重点思考によって解決策を打つこと，手順書や管理図を使用し，未然に問題を防ぐことである．

① **データの種類**：質的データとして，名義尺度は分類の順序に意味がないデータであり，性別，血液型などがある．順序尺度は，順序に意味があるが順序間の間隔に意味はないデータであり，アンケート調査の 1. 好き，2. ふつう，3. 嫌いなどがある．量的データとして連続データは，長さ，重さ，強度などの連続した測定値である．離散データは，人数，件数，個数などで連続しない値をとる．さらに量的データは，間隔尺度と比例尺度に分類できる．間隔尺度は和や差に意味がある場合で日時，摂氏温度などがある．比例尺度は和差積商に意味がある場合で，身長，体重，絶対温度などがある．

② **サンプリング**：サンプリングとは，母集団から標本を取り出すことである．サンプリングのやり方が悪いと，母集団の推定を誤ることになるので，適正なサンプリングを実施する必要がある．母集団には，有限母集団と無限母集団がある．有限母集団は，ロットなどの1つの集まりをいい，無限母集団は，製造工程などで連続して流れている状態をいう．

(5) QC七つ道具

QC的な問題解決に使われる手法にQC七つ道具がある．特性要因図は言語データを対象とし，それ以外は，主に数値データを対象とする．

① **パレート図**：不良や不適合品の内容を現象や原因別に分類し，それらを大きい順に並べた棒グラフと累積を示す折れ線グラフを組み合わせた図である．左から割合が高い項目が順に並ぶので，重点的に対策を打つべき項目が一目で把握できるようになる．

② **ヒストグラム**：多数のデータをある区間で区切り，その区間のデータ数を積み上げてグラフ化したものである．どのような分布の形をしているかを調べるものであり，規格外のものの数と，ばらつきの状況を知ることができる．

③ **チェックシート**：不適合項目の発生や設備点検の状況をその都度記入してモレやヌケを防止し，管理の状態を一覧で把握するためのシートである．

④ **散布図**：ある対象から計測する2つの特性を横軸，縦軸に割り当て，得られる点を打点して作成する図であり，両者間の相関関係を表す．

⑤ **グラフ・管理図**：グラフとは，2つ以上のデータの関係を視覚的にわかり易く表現したものである．棒グラフ，円グラフ，レーダーチャートなどがある．

管理図とは，連続した観測値や群のある統計量の値を折れ線グラフとして打点し，中心線と管理限界線を記入したものである．管理限界線は，上方を上側管理限界(UCL)，下方を下側管理限界(LCL)という．中心線はCLで，これらの値は統計処理によって計算された値を使用する．管理図は，工程の安定状態を調査することと，工程を安定な状態に保つために用いられる．管理図はデータの種類や特性によって，次のように分類される．計量値の管理図には，平均値と範囲の管理図($\bar{X}-R$管理図)，平均値と標準偏差の管理図($\bar{X}-s$管理図)，個々の測定値の管理図(X管理図)がある．計数値の管理図には，不適合品率(不良率)のp管理図，不適合品数(不良個数)のnp管理図，不適合数(欠点数)のc管理図，単位当たりの不適合数(欠点数)のu管理図がある．

⑥ **特性要因図**：問題としている特性に影響を与えていると考えられる要因を調べ，特性と要因との関係を魚の骨のような形式で表現したものである．

⑦ **層別**：機械，材料，作業者，作業方法などの視点により，データを分類することである．ばらつきの原因を探すためにデータの素性も明確にする．

(6) 統計的方法の活用

品質管理で得られるデータの分析では，平均，中央値(分位数)，分散，標準偏差などの要約統計量，帰無仮説，対立仮説からなる仮説検定及び，信頼区間，予測期間などの区間推定や，多元配置や直交配列表などからなる実験計画法が使われる．

また，取り扱う変数が多くなると多変量解析[16]が使われる．多変量解析は情報を要約する手法と予測の手法に分類される．要約の手法には，量的変数を対象とした主成分分析やクラスター分析，質的変数を対象とした数量化Ⅲ類がある．予測の手法には，説明変数が量的変数で目的変数が量的変数である重回帰分析と，目的変数が質的変数である判別分析やロジスティクス回帰分析がある．さらに，説明変数が質的変数で目的変数が量的変数である数量化Ⅰ類と，目的変数も質的変数である数量化Ⅱ類がある．

(7) 方針管理，日常管理，機能別管理

方針管理とは，全社的品質管理の考えを基礎として，企業経営方針をもとに，適当な期間で繰り返し改善を行いながら，業務における目標達成を行う取組みである．トップダウン，経営目標からの展開，組織的展開，さらには，プロセス重視の視点である．日常管理とは，通常の業務について異常を見つけ，解決し，再発防止を組織的に取り組むための仕組みである．機能別管理とは，品質保証，原価管理，生産量管理，人材管理などの機能において目標を決定し，効果的・効率的に推進するため，各部門の業務の適正化と部門を横断して行う活動である．方針管理については，JIS Q 9023：2018「マネジメントシステムのパフォーマンス改善－方針管理の指針」がある．日本品質管理学会(JSQC)及び日本規格協会(JSA)が，JSQC-Std 33-001：2016 を基にした指針を提言し，JIS Q 9023：2003 が改正され，置き換えられたものである．日常管理については，JSQC-Std 32-001：2013 を基に制定された JIS Q 9026：2016「マネジメントシス

テムのパフォーマンス改善－日常管理の指針」にまとめられている．

3.8.2　品質マネジメントシステム規格

ISO 9001は，品質マネジメントシステムの要求事項を規定したものである．国際標準化機構(International Organization for Standardization：ISO)において，ISO/TC176が1979年に組織化され，1987年にISO 9000シリーズが制定された．その後，1994年，2000年，2008年の改定を経て，2015年にISO 14001：2015とともにISO 9001：2015[17]が発行された．ISO 9001の箇条は，序文(0.1)から3.用語及び定義を経て，4.組織の状況，5.リーダーシップ，6.品質マネジメントシステムの計画，7.支援，8.運用，9.パフォーマンス評価，10.改善となっている．また序文0.2に記述されている品質マネジメントの7原則は，顧客重視，リーダーシップ，人々の積極的参加，プロセスアプローチ，改善，客観的事実に基づく意思決定，関係性管理である．

ISOのマネジメント規格はISO 9001やISO 14001のほか，ISO 45001：2018(労働安全衛生マネジメントシステム：OHSAS 18001から移行)，ISO/IEC 27001(情報セキュリティマネジメントシステム)，ISO/IEC 27017(クラウドサービスセキュリティ)，ISO 22301(事業継続マネジメントシステム)，ISO 50001(エネルギーマネジメントシステム)，ISO 10002(苦情対応マネジメントシステム)など数多く発行されている．また，特定の産業向けの規格として，ISO 22000(食品安全マネジメントシステム)，FSSC 22000(食品安全システム認証)，ISO 39001(道路交通安全マネジメントシステム)，ISO 29993(公式教育外の学習サービス要求事項)，ISO 21001(教育機関のためのマネジメントシステム)，ISO 13485(医療機器・体外診断用医薬品に関する品質マネジメントシステム)，ISO/IEC 20000(ITサービスのマネジメントシステム)などがある．

さらに，自動車産業向けとして，自動車業界固有の要求事項を含めたISO/TS 16949(自動車産業向けの品質マネジメントシステム)は，ISO 9001：1994をもとにしたQS-9000から移行したものである．APQP(先行製品品質計画)，PPAP(生産部品承認プロセス)，FMEA(故障モード影響解析)，SPC(統計的工程管理)，MSA(測定システム解析)の5つのツールを有する．2016年には，IATF (International Automotive Task Force)が，ISO/TS 16949に変わる規格としてIATF 16949：2016を発行した．ISO規格ではなくなるが，ISO 9001：2015の要求事項に沿った内容になっている．

3.8.3 品質保証(Quality Assurance)

品質保証は，製品ライフサイクル全般に及び，製品の品質を保証する活動である．構想企画及び開発設計段階では，顧客の要求品質を捉えて製品を企画し，DRなどを通じて，適切な品質の製品が設計されるようにする．資材調達・生産準備段階では，調達する材料の品質を確保し，安定した品質の製品が生産できるように準備を行う．生産段階では，QC工程表や標準書の作成，検査機器の調整や校正，ISOへの対応や内部監査，工程改善などを行い，流通・販売段階では，用途に応じた製品の販売，品質保証の契約や初期流動管理を行う．アフターサービスおよび廃棄段階では，製品の使用価値を高める製品説明，保守や故障，クレームへの対応，環境を考慮した回収・再利用・廃棄，さらに，販売やアフターサービスの情報を企画や設計，生産にフィードバックし，再発防止に結び付ける活動を行う．

3.8.4 設備保全

設備保全とは，工場の設備が故障せず，安定して稼働し続けるようにするために，点検や修理などの保全活動を行うことである．そのためには，故障が発生しないようにすること，故障が起きても点検や修理を容易にすること，設備保全のコストを最小にすることが重要である．

① 事後保全(Breakdown Maintenance：BM)：設備が故障してから行う保全であり，故障後に復旧する方が経済的に有利である場合に適用される．

② 予防保全(Preventive Maintenance：PM)：定期点検を行うとともに，劣化した部品を予防的に交換することである．機械停止による経済的損失が大きい場合に適用される．

③ 改良保全(Corrective Maintenance：CM)：寿命の長い部品や，故障の起こりにくい部品に交換し，設備の体質改善を行うことである．

④ 保全予防(Maintenance Prevention：MP)：保全活動がなくなるような設備を設計，導入することである．故障が発生しない，保全費のかからない設備が理想である．

事後保全から予防保全，保全予防まで進んだ設備保全の考え方は，これらを統合した生産保全に発展した．さらに1971年には社団法人日本プラントメンテナンス協会によって全員参加の生産保全として，TPM(Total Productive Maintenance)[18] が提唱された．TPMとは，生産システムのライフサイクル全体を対象とし，8つの活動と12のステップで展開する．企業のあらゆる部門が参加して，災害・不良・故障などのあらゆるロスを未然に防止する仕組みを現場で構築することである．

3.9　生産現場の問題解決

3.9.1　生産工程における問題の発生

生産工程における管理の目的は，顧客の要求する品質の製品を，決められた納期までに納入するために行う生産活動であるが，販売や生産などの要求の違いにより，さまざまな問題が発生しやすい．

(1)　問題発生の例

①　営業

a.　客先より示される納期が，工場の生産期間より短くなっている．

b.　受注後に顧客の仕様変更が発生し，工場と折衝しなければならない．

c.　工場に納期遅延が発生すると，営業は工場と顧客の間で板挟みとなる．

②　生産管理

a.　製品の仕様が定まらず，約束納期に間に合う生産開始日までに営業から確定情報が入ってこない．

b.　受注が大幅に変動するため，生産性や稼働率を考慮した日程計画を立案することが大変難しい．

c.　営業からの計画変更，特急指示が多く，工場が混乱する．

d.　生産リードタイムが長いものは，先行手配を余儀なくされる．

③　製造工程

a.　生産変更が多いと，製造指示書による計画指示が信用されなくなる．

b.　工程の手持ちが出ると，能率が下がってしまう．

c.　割り込み作業でロットが分割され能率が悪くなる．

d.　割り込み作業で工程が乱れ，生産遅れが発生する．

本来，営業部門にとっては顧客が要求する納期を約束し，その納期までに納品したいという意向がある．しかし生産部門は，まとめて生産する方が管理しやすく，生産性も高くなる．現実には，このようなトレードオフを調整し，顧客の要求に柔軟に対応する必要がある．営業部門は，計画を乱す生産がどれだけ許されるかを考え，顧客との関係を維持しつつ，生産部門への配慮をする必要がある．一方，顧客の要求する納期を守ることは，受注を確保する条件である．生産部門は営業部門の立場を考慮し，顧客の要求納期に生産を間に合わせることが条件となる．納期に間に合わない事態が発生するようであれば，生産工程を改善するか，製品在庫を持つか，工程間の若干の仕掛在庫を持つしかない．これらの調整が無理だと，受注機会を逃すことを覚悟しなければならない．

また，管理が徹底されず，不必要な在庫を持つようになると，過剰在庫に陥る．過剰な在庫は，円滑な資金循環を阻害し，余計な資金が必要になり，収益性が低下する．さらに，在庫に依存する体質は，さまざまな問題が隠され改善がしにくくなる．工程管理を厳しく行い，在庫削減を同時に達成しながら，顧客が要求する納期の実現や，約束納期の遵守に努めなければならない．

(2)　生産管理に関する問題

生産現場でさまざまな問題が多発すると，製品品質の低下，原価の上昇，納期遅延が発生する．①納期遅れの発生原因には，手順計画の不備による生産能力の不足，作業者の突然の欠勤，機械設備の故障による稼働率低下，外注とのトラブル，材料・部品の欠品や紛失などがある．②製品に関する問題には，材料や部品の不良，加工不良の発生，歩留りの低下，棚卸減耗の発生などがある．③労務面に関する問題には，負荷計画の不備による手待ちの発生，作り過ぎによる過剰人員の発生などがある．④計画管理面に関する問題には，生産計画の不備による過剰在庫，工程間能力のアンバランスによる仕掛品在庫の発生などがある．

(3)　解決の方策

このような問題点を解決し，原価低減をし，利益の増大をめざしていくためには，次のような課題を徹底的に追求していくことが必要である．

①　納期を守り，かつ生産期間を短縮するための活動を進める．

②　材料・仕掛品・製品などの在庫の削減を図る．

③　人・機械・設備を最大限，効率的に利用する．

④　材料，部品の効果的な利用を図る．

製造販売の一体化，目で見る管理の推進，小ロット化，多能工化，部品の共通化などの対策を総合的に進める必要がある．

3.9.2　生産現場の問題解決

(1)　製・販の連携

製・販の連携を強化し，顧客ニーズを迅速に生産計画に反映させ，短納期の受注に即応できる体制と在庫の削減を図る．定期的に販売部門と製造部門のコミュニケーションが図れるようにし，製造および販売部門の合意に基づく現実的な製・販・在の計画を作成する．さらに，綿密な計画を立てたとしても，追加受注，特急注文，仕様変更などにより，受注に変動が生じるのは避けられない．生産の平準化に対する努力をする一方で，直近のスケジュールをデジタルサイネージやタブレットを用いて現場で共有し，計画変更にも迅速に対応できる体制を構築する．

(2)　目で見る管理の実現

生産の効率化を実現し，原価低減を図っていくためには予防的管理を実現させることが必要となる．予防的管理によって，最悪の事態や結果を招かないように，早めの対策や再発防止策を実施していくことが重要である．

工場の中で発生している問題点，異常，ムダなどがひと目でわかるような状態にしておき，不具合や悪い結果が生じる前に，早めにアクションを取るという予防的管理を実施していく管理の進め方である．

目で見る管理のねらいは，生産の効率化と原価低減，在庫削減とリードタイムの短縮，稼働率・作業能率の向上と工数低減，進度遅れや納期遅れの減少，不良の減少，管理者・監督者の管理業務の簡素化と容易性である．

これを実現するためには，まず5Sを徹底的に推進することによって，生産管理を取り巻く業務や改善活動が円滑に進む．はじめに，定位置の決定，定数の決定，最大数・最小数の決定，かんばんなどを考慮する．次に，在庫の整理として，保管方法，荷姿の標準化を進め，必要に応じてものには現品票を貼るようにする．またものの置き場所は明確に表示し，何が，どこにあるかを一目で確認できるようにする．

不良品置き場は，人の目にふれるところに明確に区別して設置し，表示板や不良件数，不良項目，原因が，すぐ分るように工夫することが必要である．

機械設備の停止理由を表示した行灯を設置し，機械が停止したら自動的に赤ランプが点灯して異常を知らせる仕組みを実現すれば，異常の発見と対策の迅速化が図れる．さらに，進度管理板などにより，日程の進度状況，納期遵守の状況などが一目で分るようにする.

(3) 多能工化の推進

一人で何種類かの作業をこなせる多能工を養成することによって，人的能力に柔軟性が増し，次のようなメリットが得られる．多能工は一人で複数の工程を受け持って作業ができるので，多工程待ちの生産のやり方でも対応が可能である．ある工程や作業に関する仕事量が減少し，他の工程や作業の仕事量が増えた場合でも対応が可能である．ある工程の作業者が欠勤し，工程に遅れが生じても，それを応援することによって，納期遅れの発生を防止することができる．相互に仕事の応援をすることによって，助け合いの精神が生まれ，職場のチームワークが良好になる．

また，ほかの受け持ちの工程を別の作業者がみることによって，それまで気がつかなかった問題点の発見や改善提案ができ，現場が活性化する．いろいろな作業経験によって，作業者の持っている潜在能力を掘り起こし，能力を発揮させることが可能となる．

(4) 小ロット化への対応

製品種類の増大，受注の小ロット化，短納期の要求に柔軟に対応していくためには，小ロット化による生産が必要になる．小ロット化のためには，段取り時間の短縮[19]が必須である．小ロット生産を指向すると，在庫削減の効果が期待できる．もし毎日均等に消費され，欠品が起きないものとすれば，1回／月の生産を2回に分けるとすると，平均在庫は半分になる．小ロット生産を指向するために，各工程の能力を均等化し，同じロットサイズで流すことができれば工程が安定化する．そのため日程計画がたてやすくなり，統制も容易になる．小ロット生産は，作業者による品質チェックが容易となり，不良の再発防止を迅速に図ることができる．

また，万一不良が発生しても，生産数が少量のため損害が少なくなる．小ロット生産の実施によって，在庫が少なくなれば，それだけ現物の管理がやりやすくなる．どの品目の在庫がどのくらいあるかが一目で確認できるようになるので，実際の在庫数と帳簿上の在庫数との差異を把握しやすい．

(5)　レイアウト変更

レイアウトの変更では，流れ線図を作成して，工場内におけるものの経路をレイアウト上に記入し，その配置や工程の順序を検証する．生産の要素を，停滞，運搬，加工，検査に分けるようにする．これに，ムダの概念を適用すると，加工以外は付加価値を生んでいないので，まずそれらを改善の対象とする．さらに，ものが効率良く移動できるように，設備の配置を変更する．また製品ごとに加工する工程が異なる場合には，多品種工程分析により，類似のグループにまとめるようにする．

(6)　整流化

整流化は，工程間を停滞なくものが流れるようにものづくりの改善を行うことである．最終的には原材料，部品を投入したならば一気に製品を作り上げられるようにすることを目標として改善活動を行う．整流化は，清流化とも言われているが，1個流しを実施することで停滞の時間をなくし，工程内・工程間に発生する仕掛在庫を削減し，リードタイム短縮を可能にする．

ある製品が3つの工程で作業を行って完成するとする．1個の加工時間がどの工程でも1分要し，5個を1ロットとして生産した場合は，他の製品がない状態でも工程1が完了するのに5分，工程2が完了するのに10分，工程3は累計で15分かかる．また，実際の作業では，不良の発生や設備故障による手待ちが出ないように，工程の前後にバッファとしての仕掛在庫を持っている．このため，リ－ドタイムは，正味の作業時間に比べてさらに長くなる．もし同じ作業で1個流しを行った場合には，1個作ったら次の工程にすぐに移動させることができるので，完成時間を短縮できる．

整流化の手順として，最初に工程の流れ線図を作成し，どの様な経路でものが作られているか，停滞がどこで起きているかを把握する．次にものの移動が少なくなるように，レイアウトの改善案を作成する．レイアウトの変更は改善案をもとに，1個流しの実施前後の工程と1個流しのできる箇所からレイアウトを変更し，1個流しの範囲を広げるようにする．

(7)　部品の標準化と共通化

柔軟な生産体制を構築するために，部品の標準化や共通化を進める活動を行う．部品の標準化・共通化によって一度に生産する数量がまとまるため，効率の良い汎用機械や，専用機械，自動機械の導入が可能となり，生産効率の向上が実現できる．部品の共通化を進めると，部品の総点数が少なくなり，在庫削減を図ることができる．顧客の製品に対する多様化のニーズに対応するために，標準部品やユニットを組み合わせることによって，機能，外観の異なる新製品を作り出すことができる．標準的な部品やユニットを在庫で持ち，受注と同時に部品やユニットを組み立てることによって，短納期の要求に対応することができる．

(8)　柔軟な日程計画

月間の生産日程計画を立案しても，変動の激しい顧客要求に対応すると，日程計画が崩れてしまう．計画の精度を維持するためには，計画サイクルの期間をできるだけ短縮することが必要である．また，市場の要求は短納期ばかりでなく，多様化や個性化の傾向が強まっている．そのため，生産の単位をできるだけ小ロットに分割し，小回りのきく生産日程を計画する必要がある．さらに，計画の変更が容易な生産日程計画も必要である．飛び込み，取り消し，納期変更があったときに，迅速に計画変更ができる仕組みが必要である．変動の激しい多品種少量生産の場合は，生産日程計画の精度を高めても，計画と実績の間には差異が発生する．追加，飛び込み，納期の繰上げなどに対し差異を吸収するために中間仕掛在庫や製品在庫の保有，残業，休日勤務，パート・アルバイト，他部門の応援，外注の利用などがある．さまざまな対応策のなかで，最も合理的な吸収策を選ぶ必要がある．

長期間の日程計画の提示や，提示した日程計画が大幅に変更になる場合は，日程計画が軽視され，日程計画を守って生産するという意欲が薄らいでしまう．先の方の計画ほど不確定要素が多くなるので，製造の現場に示す日程計画は直近だけにし，確実に生産する必要がある計画だけ手配することが必要になる．

(9)　進捗管理

進捗管理は，日程計画に対して生産が遅れているか否かをチェックし，遅れている場合にはアクションをとり，遅れを取り戻す活動のことである．チェックが遅くなると，アクションを起こしても遅れが取り戻せない状態になってしまう．進捗状態を早期にチェックし，必要に応じてすぐにアクションがとれる仕組みを確立する．必要なアクションが遅くならないようにするために，現場の監督者か工程管理担当者だけに任せるのではなく，関係部門の責任者が集まり報告しあうなどの早期チェック体制を確立する．さらに，遅れ状況，完成予定日が容易にわかる仕組みを確立する．日程管理板，差立板，作業進度管理板や，コンピュータによるリアルタイムの表示など，生産の進み，遅れの状況がすぐにわかり，とるべきアクションがしやすい仕組みの確立が望ましい．

⑽　現品管理の確立

日程計画，材料手配，進捗管理，納期管理を円滑に運用するためには，材料・部品・仕掛品・製品などの現品を正確に把握できる仕組みを確立する必要がある．そのためには，事務処理の迅速化が必要である．納品書，出庫伝票，作業票など，受け払いに使用する伝票類の発行・記入・事務処理あるいは棚札への在庫記帳は，すぐに処理をする．また，品物の受入れ，払出しの場所に，在庫記帳が実行できる現場の事務所や端末機を設置してリアルタイムに処理できる仕組みを構築し，情・物が一致する仕組みづくりを行う．

⑾　在庫精度の向上

帳簿やコンピュータ上の在庫が実在庫と違うのでは実務には役立たない．したがって在庫精度の向上を実現するシステムの確立が必要である．棚卸しを実施し，実在庫と帳簿在庫とを突き合わせて，差異があればその原因を追及して修正する．さらに，取扱い資材の受払や記帳などの事務処理は，迅速でかつ正確であることが求められる．特に不良発生に伴う異常出入庫に関する処理の徹底が必要である．また，余った材料や部品の戻入，貸し出し品にも，適切な事務処理が必要である．その他として，材料や部品の受入れ・払出し，運搬・保管の管理業務を専門に行う担当者の配置，さらには部品や製品の保管時に紛失したり，損傷したりしないように運搬用設備機器の改善や物流システムの整備を行う．

3.9.3　その他の生産システム

⑴　建築生産

建築生産は，個別受注型の生産が主体になる．①事業企画では，建築主による事業計画，プロジェクトの編成，調査企画，発注と契約が行われる．建築主との契約後は，②設計と工事監理が進められる．基本設計では，顧客の要求や条件をもとに，建築意図を確認し，基本設計図書がまとめられる．実施設計では，基本設計をもとに，実際の建物として建築できるようにするための設計が行われる．工事監理では，顧客の設計意図を施工者に的確に伝えること，所定の品質が建物に備わっているかを確認し，建築主へ報告することなどの業務が監理される．③工事管理(生産管理)では，現場の施工管理であり，材料管理や工程管理，コスト管理，安全管理が行われる．

建物の建築は，建築する場所で行われるが，それ以外の資材，建材，設備については，工場における生産が行われる．例えば，建物に用いる柱，壁材などの資材，さらにはサッシ，ドア，窓，シャッター，屋根などの建材，トイレ，システムキッチン，洗面台，エアコン，給湯器，ソーラーパネル，電気機器，ガス器具などの設備である．これらは，一般的な生産マネジメントの方法が用いられる．

最近では，戸建て住宅のサイズをもとに，道路交通法で運搬可能な寸法に分割してモジュール化し，ボックスタイプのユニットを工場で生産し，建築現場に運び，数日で建物を完成させるという方法が普及してきている．工場で生産するため，高い品質で建物が完成するというメリットがある．

(2) プラントエンジニアリング

プラントエンジニアリングは，製造工場の建設と保守を行うビジネスであり，プロジェクトで運営，管理される点が特徴である．プラントは，その設計から製造，稼働確認，保守など，業務の幅が広く，資金計画や土地の取得から始まり，建物の建設，石油，化学，鉄鋼，機械，電気，電子系のシステム，設備などの構築・導入など，あらゆる分野の技術が必要になる．しかも，顧客の要望するプラントに必要な複数の技術を網羅し，それらをプロジェクトの進行とともに，適切にコントロールする必要がある．そのため，プラント建設に携わる人材は，複数の業種の企業，技術分野の異なる人材からなり，プロジェクトの目的を達成するために連携して業務に携わる必要がある．プロジェクトの管理には，プロジェクトマネジメントの知識体系(PMBOK)[20]が使用されることが多く，WBS(Work Breakdown Structure)の構築，資源の確保と費用見積り，スケジュール展開，出来高管理などが行われる．発注者や受注者をはじめ，複数のステークホルダー(利害関係者)間で，共通のプロジェクトマネジメントソフトウェアが使われ，プロジェクトの状況の把握や，意思決定が行われる．

Column 2　変化に対応できる人材育成

第4次産業革命の視点で事業展開を進める時代を迎えると，多様な顧客の要望を柔軟に反映しながら，激変する社会・経済環境に適応できる能力が必須となる．これは，変わり続ける能力であり，ものづくり力だけでなく，問題発見・解決力やイノベーション力，指導力や計画推進力などを融合した変革・推進力を発揮することである．今後は，デジタル・トランスフォーメーション(DX)[註1] による製造企業のデジタル革命を通じて，新たな技術・方法を取り入れ，柔軟に変化できる生産システムを構築・改善できる能力が求められる．従来の目標であった品質，コスト，納期の達成は今や前提条件であり，現在では，VUCA(変動性，不確実性，複雑性，曖昧性)[註2] を考慮した経営の時代を迎えている．IoT，AI，ロボット，ビックデータ，デジタルツインは技術であり，経営革新に必要な手段である．これらを上手に使って事実を的確に捉え，急ぐ重要な課題から素早く実現し，それを可能にするシステムを創り出す能力が重要となる．ビックデータからディープデータ[註3] へ，コンピテンシートラップ[註4] を避け，知の探索と知の深化という両利きを目指す Ambidexterity[註5] の視点，さらにはシンギャラリティ[註6] を克服する視点を持つ新たな人材育成が必要な時代が到来している．

［註1］ デジタル・トランスフォーメーション(DX)とは，ITがあらゆる良い変化をもたらすということであり，エリック・ストルターマンが提唱した．経済産業省によるDX推進ガイドラインによれば，データとデジタル技術を活用して顧客や社会のニーズを捉え，ビジネスモデル，製品・サービス，業務を変革し，競争優位を確立することをいう．

［註2］ VUCAとは，Volatility(変動性)，Uncertainty(不確実性)，Complexity(複雑性)，Ambiguity(曖昧性)の頭文字である．現在のビジネス環境は，変化が早く，予測が困難な状況になってきていることを示している．

［註3］ ディープデータとは，属性，嗜好などを蓄積したデータである．ビックデータと機械学習による分析では，限界があることが指摘されており，個人の詳細な履歴情報を集約するディープデータの活用によって，マーケティングに役立つ分析が可能になるとしている．

［註4］ コンピテンシートラップとは，知識の深化に注力することによって，イノベーションが難しくなることをいう．深化だけでなく，新しいことを学ぶ機会を確保し，探索することが重要であるということを指摘している．

［註5］ Ambidexterityの視点とは，複数の戦略を同時に，あるいは続けて行うことを考慮することであり，両手を上手に使う場面を例えて，両利きの経営と呼ばれることもある．たとえば，既存製品の改善や改良を進めながら，新しい技術や市場を探索する活動を行うことである．

［註6］ シンギュラリティとは，技術的特異点と呼ばれている．人工知能による自律的な知能の増幅が形成され，人間の想像をはるかに越える機械的な知能が誕生し，世の中の秩序が一変するという時点のことである．ディープラーニングの急速な発展によって，シンギュラリティが現実味を帯びてきているといわれている．

第4章

工場マネジメントと製造ビジネス

4.1　生産戦略と拠点計画

4.1.1　製品計画と生産戦略

工場で生産される製品の計画は，①企業経営の方針や生産戦略，②中長期の販売計画，顧客対応方針，③新製品開発，製品改良，設計変更などから検討される．工場との関係については，④工場立地・工場配置，拠点計画，⑤設備投資計画，生産方法，管理基準，マスターデータの構築方針，人材確保の方針，⑥資源調達及び設備利用計画，人材育成計画，⑦工場間の仕事の分担などが考慮される．

これらに直近の販売実績，P-Q 分析，需要変動，製品の利益率，市場の状況，競合他社との関係などが加味される．さらに受注型の製品については，顧客からの受注実績として，国内外の顧客，顧客の属性別の製品種類，顧客が要望する仕様，オプションなどに加え，製品支援や保守の有無など，各種サービスへの対応状況なども関係する．

4.1.2　事業展開のパターン

事業展開のパターンは，規格品の大量生産，あるいは，多品種少量生産や個別生産によって，生産ラインの構成や人の働き方が大きく異なる．

今後は，個別の製品を大量に生産するマス・カスタマイゼーションへの要求が高まると，顧客の要望に一層柔軟に対応できるビジネスへの進化が求められる．マス・カスタマイゼーションとは，規格品大量生産と対等の価格と納期でニーズに合う多様な製品を製造し，製品仕様の顧客満足度で勝つビジネスモデルである．最近は，多品種少量生産が得意な中堅中小企業が積極的に取り入れている．

一方，製品のコモディティ化に伴い，より規模の大きな数量単位での生産へと拡大が求められる場合もある．共通化・標準化を進め，シェアが増大すれば，より安い生産コストを求めて，海外に工場を移転しなくてはならなくなる．このように，事業展開の変化に伴って対応できるSCMの構造や，生産管理の仕組みを構築できる能力を有する必要がある．もう1つは製品づくりを少数の関係者で分担するか，複数のサプライヤーで分担するのかの選択がある．ものづくりの価値は，各企業が持つ技術をどのように連携させるのかで決定され，企業間を結ぶ物流も重要になる．

4.1.3　企業連携と技術ネットワーク

製品は数多くの種類の資材や部品から成り立っており，製品を構成するすべての部品を1社で生産することは難しい．ものづくりは，複数の企業が関係しており，技術連携によって成り立っている．すなわち，ものづくりとは，複数者からなる技術のネットワークを構築し，それを維持発展させることである．そのためには，製品の工程をどのように分担するかを決めることが重要であり，お互いの成長を考慮し，技術の棲み分けと分担を行う．さらに各企業との関係づくりに合わせた拠点計画が必要になる．そのためには，製品の利用される場所と消費量，供給者のネットワーク関係を考慮する必要がある．具体的には，①消費地への製品の供給(輸出，現地生産)と協力会社の立地を計画し，②拠点となる生産工場の位置づけ(マザー工場，拠点工場，一般生産工場)を決定する．さらに，③地域別の人(育成)，もの(設備・素材・部品)などの資源調達，調達コストや，④現地国の社会・市場の状況，政府の政策や法律，条例などの考慮も必要である．このような，企業連携を考慮した拠点計画が必要である．

一方，サプライチェーンの中で全体を支配する能力を有する者，すなわち，鍵となる技術を有する者がサプライチェーン全体に強い影響を及ぼす．例えば，多数の部品点数からなる製品Aの生産を複数の関係会社で分担している場合を想定する．主要な加工及び関連部品を集約し，複数のAssy品の最終組立を，製品を出荷するための港の近くにある工場で行うとき，工場運営費が適切で，かつ品質の高い製品を生産できる中堅X社に集約するものとする．また製品によっては，Assy品を含めた完成品の生産をX社の近くで行うこともある．ところが，主要部品のある加工工程において画期的な生産技術が確立され，完成品メーカーがこの技術を有するY社を新たに利用するものとする．X社は，主要部品の前工程の部品加工を中心とした担当に変化し，Assy品はY社の近隣の完成品を生産する工場で組み立てられる．工程の分担が変わると，出荷場所が移動し，物流も変化することがある．

4.1.4　各拠点の立地や工場の再配置

(1)　拠点の計画

国内・海外拠点とそれらの関係を形成するためには，取り扱う製品の地域別需要，製品品質，生産及び物流コストなどの考慮が必要である．海外工場については，海外工場を設置しようとする地域及び周辺地域での製品需要，海外工場から周辺国や他の域圏への製品輸出，国内への製品輸入のし易さを考慮する．製品の生産に必要な材料は，国内からの供給をはじめ，地場企業や日系企業からの調達，第三国からの調達などがある．材料や部品を国内から供給する場合は，国内からしか調達できない品質の素材，特殊な技術が必要な部品であり，コストよりも品質が重視される場合が多い．

国内工場を活用する場合は，①自社の海外進出が可能だが，分担する複数工程の現地化が実現しない，②技術流出を防ぐため，コアとなる部品は国内で生産する，③変動リスクなどの面から現地生産の利点を享受できないなどの理由であり，政策的に海外進出を行わない企業がある．

一方，海外への進出にあたっては，①工業団地などへの企業の進出が進み，必要な技術を現地で調達できるようになった，②現地の企業や人材の能力が向上し，比較的安い労働力が確保できる，③競合他社が現地化を進めコスト競争力をつけてきている，④現地化の進行により技術ネットワークをつくりやすくなった，⑤親会社，関係会社が既に進出しており，海外進出を打診される，⑥現地から他の諸国へ輸出する方が，国内から輸出するよりコストが安い，などの点が検討される．

地域の電力インフラ，交通，治安なども重要な検討すべき要素である．為替レート，保険，関税などの考慮も必要である．当事国の国策により，生産に使う部品の現地調達率を数値目標として提示されることもある．リスクに対応する利益率を考慮することも重要である．いずれも品質，コスト，納期を総合的に勘案して，拠点計画を立案する必要がある．

(2)　事業と拠点戦略

生産の海外への移転により，国内における生産技術の維持が重要になる．新製品を開発するための技術力の維持と向上が必要であり，そのためには工場生産を通じた人材育成が必要である．この問題に対して，国内消費分を国内で生産し，生産に必要な技術を維持して技術の空洞化を避けている企業がある．またマザー工場を国内に形成し，開発した技術や設備を海外工場に展開することによって，サプライチェーン全体を管理している企業もある．一方，国内の顧客や地域に密着し，個別受注生産による事業展開を進めたり，会社の方針として国内の事業に範囲を絞ったりして，海外進出の予定がない企業もある．

4.2　物流ネットワーク

4.2.1　物流ネットワークの編成

資材，部品などの調達，外注の利用などにより製品を生産する際には，材料や素材の調達先，外注先，さらには納品先との関係を考慮するとともに，自社内の複数工場間の物流ネットワーク編成が必要である．

材料や素材の調達先は，要求を満たす品質の部品や材料を長期的，安定的に調達できる取引先や，部品や材料の変更・改良に適切に対応できる取引先を確保する必要がある．また顧客との取引関係，自社製品を取り扱う商社からの紹介で調達先を決めることもある．外注先には，要求する品質・コスト・納期を満たすことができる工程を担当してもらい，安定供給が可能な環境を整える．納品先は，個別配送，量産対応による定期配送や定量配送を行い，顧客別の納品条件によりネットワークの編成を行う．生産計画の提示には，発注予定情報の段階的な開示や，内示情報の利用などがある．

在庫管理については，ある特定デポの在庫ではなく，サプライチェーン全体[1]の在庫であるエシェロン在庫を考慮する．さらに，川下の需要の変化が川上ほど増幅されるというヴルウィップ効果を考慮し，各サプライヤー間で情報共有を図るとともに，取扱いロット数が大きくなりすぎないこと，素早い日程サイクルを計画するよう注意が必要である．

4.2.2　配送ルート計画

配送ルート計画の作成については，立地／能力／数量，調達条件／納品条件などを考慮する．立地については，工場が港や高速道路，主要幹線道路に近いかどうかで判断する．能力／数量については，月当たりの配送頻度，1 回の配送量，大きさ，重さなどがある．調達条件／納品条件については，指定日納品や，遅延発生時や不良発生時の契約条件などがある．

物流については，空・船・トラック・鉄道とその連携を考慮し，交通手段の効果的利用を計画する．トラック便については，①製品を納入し，帰りに素材や部品を運ぶなどの往路・復路の活用，②地域の工場と協力する共同配送，③工場団地での定期便の利用などがあげられる．船便の場合は，港に近い場所に工場やデポを配置し，必要な Assy をデポに集め最終組立や組立検査を実施することもある．納品までの活性示数を考慮し，二枚ナンバープレートの車両を用いることもある．物流スピードを重視する場合は空路を検討する．専用貨物のほか，業務用国際航空貨物の利用があげられる．④物流業者が行うサービスとして，複数企業の希望を物流業者がまとめ，同一材料をまとめて発注し納品までを代行する仕組みもある．

4.2.3　ネットワークの再編成

ものづくりは，関係先との連携の構築が重要である．例えば，①設備を集約して工場間移動を減らす，②輸送を削減するために内製化し，工程間移動を減らす，③素材を外注先に直接支給し，内製と外注を振り分ける，④自社加工後に最終組立を港に近い協力工場で実施し，顧客に納品する，などによって，効率的なネットワークを再編成する．

そのほか，物流業者を利用した代行サービスもある．組立作業をアウトソーシングする組立代行，家電や電子系製品などの保守代行などがある．このように，素材から部品，製品の運搬，輸送経路の効率的な利用を考慮したものづくりや，サービスが考慮されるようになっている．

4.3　工場業務の連携と運営

4.3.1　関係する各部門との業務連携

工場の運営管理の方針に従い，工場内や工場を取り巻く企業の組織を組織化し，組織の適切な運営と管理を進める．製品を生産し，販売するためには，営業・企画部門，開発・設計部門，生産部門，アフターサービス部門が密接な連携を取り，業務を進める必要がある．

(1) 営業・企画部門

- 販売計画に基づき，製品の種類と量が決定され，工場に届けられる.
- 生産オーダーが定期的に工場に送信されてくる.
- 顧客から仕様変更，納期変更，特急オーダーが入ってくる.
- 個別生産やカスタマイズの要望を受け，見積もりを提示する.
- 顧客からの納期の問い合わせに対して，納期回答を行う．決定されている仕様，数量などの変更依頼が工場に伝えられる.
- 生産実績，出荷情報などを共有する.
- 顧客からのクレーム情報を営業から受け取る.
- 営業は市場の要求に応じて製品の生産を依頼してくるが，工場では作業効率も重視しなくてはならない.

(2) 開発・設計部門

- 製品開発や設計変更の際，製品の生産に伴う生産設備の設計や変更で連携が行われる.
- 試作に必要な材料の供給(資材部管理の既存品など)を行う.
- 新製品が生産開始するまでに繰り返し実施される試作の支援を行う.
- DRなどの場で，生産現場の意見を伝える.
- 製品開発を行う際に，依頼があれば生産部門から開発部門に参画する.
- 開発に際して，材料の品質や調達先，価格の問い合わせに対応する.
- 材料の利用実績，不良の状況，生産ライン上で発生する不具合などの情報を提供する.
- マスターデータの整備(変更)方法を決定する.
- E-BOMのデータを引き受け，生産に必要なM-BOMのデータを整備する.

(3) アフターサービス部門

- 保守部品の生産依頼に基づき，生産と供給を行う.
- 在庫品として在庫管理を行う.

4.3.2 顧客対応

不特定多数の顧客に販売する量産型のビジネスで最終製品を製造する場合は，製品のユーザー登録などで顧客を把握し，新製品の案内や技術情報を提供することで顧客との接点を持つようにする．製品の使い方や不具合に関する問い合わせに適切に対応し，履歴情報として保存し，次回の問い合わせで履歴が確認できるようにする．

卸業者や小売業者が顧客の場合は，顧客の要望を伺うと同時に，卸業者や小売業者の協力を得ながら，必要に応じて最終消費者の要望を聞き出し，製品の改良のために参考にする．メーカーが顧客の場合は，販売する製品を通じてメーカーの生産体制を支援する技術が重要になる．受注型ビジネスの場合は，得意先の要望により個別に対応するため，顧客との関係が密になる．特に，プロジェクト型の案件の場合は，見積管理，案件管理，契約管理から始まり，生産の準備や進捗に応じて，仕様変更や納期変更などの顧客対応を進めるようにする．

4.3.3 外注政策の立案

製品，売上に対する外注割合を立案し，外注先の選定と維持，発展について検討する．

外注を利用する目的は，①自社で取り組みたいがその能力がないとき，②自社よりもコストが安い，③一時的な需要変動への対応，④企業戦略の観点から決定する，などである(2.4.2 項を参照)．

①と②については，社内の技術力がなく，適切な価格で生産できない場合である．外部からの技術の取込みや生産設備を導入したとしても，その部分の生産量が少なくて採算がとれず，技術力の維持も難しい．③については，受注が増え自社の能力では対応できず，需要変動が一時的であるような場合である．

④については，例えば，政策的にその技術を保有しない，あるいは自社工場と外注先との関係強化などがある．投資負担(設備投資や人員増)を軽減するため，あるいは工程連携のしやすさから政策的に外注に頼ることもある．地理的関係を重視し，客先の近接地で最終工程を持って行く，素材調達付近で粗加工を依頼する，物流センターで修理ができるようにする，などがあげられる．後者について，例えば，自社で新製品を投入する場合，既存製品の工程を外注先に依頼する場合がある．新技術を用いて開発した設備を社内に構築し，従来の工程を外注先に依頼し，設備は支給か残存価格をもとに安価で払い下げることにより，外注先との関係を強化することができる．自社工場では空いたスペースで，新製品のラインを構築できる利点がある．

4.3.4　外注管理の進め方

(1)　品質・コスト・納期管理

外注先には，定期的に訪問し，依頼した工程や部品が契約どおりに生産されているかを確認する．各工程の生産方法，検査基準，品質保証項目のチェック，記録の保管状況などである．訪問の結果，改善すべき点があれば，適切な指摘や工程改善の支援を行う．

さらに，人材育成の支援として，技能・技術や，マネジメントの方法，人の育て方などを含む変革推進力の向上に関する教育訓練があり，個別指導や研修会により実施する．また，外注先との製品開発では，設計・試作，工程改良，量産テストを通じた相互連携，さらには定期的な研究会などを実施する．

(2)　複数社購買

購買先との関係で重要な点は，一定数量を購買して先方の仕事を継続的に確保し，自社の要望に対応してもらえるようにすることである．そのうえで，不測の事態により A 社からの調達が難しくなる場合でも，生産停止に追い込まれないようにするために，B 社に依頼できる二社購買を確立する必要がある．

不測の場合とは，工場でのトラブル発生，自然災害などが主なものであるが，他社への供給優先度，部品調達の見込み違いなどでも調達が難しくなる場合がある．さらには，部品の枯渇に伴う代替部品の開発も必要であり，このような場合に，開発の提案ができる外注先の確保も必要である．

(3)　調達先の立地

調達先は，物流が発生するため，自社工場から地理的に近いところが好ましいが，依頼する仕事の内容，コスト，品質，納期などの関係から，遠方の企業との取引関係についても検討する必要がある．

(4)　生産計画の内示

発注者と受注者間の関係として,「内示」に基づく生産計画がある．内示とは，発注に至る過程で注文予定の品目や数量などの変更を時間の経過とともに示すものであり，早めに情報を開示することにより製造準備が円滑に推進でき，時間の経過とともに精緻化する計画の情報を共有できるという利点がある．

つまり，確定オーダーの送信だけでは，納期に間に合わなくなることがあるため，生産計画を内示という形式で外注先に伝え，外注先では内示に基づき準備や一部の生産を開始するというものである．発注者の生産計画の精度が高ければ，内示情報と確定オーダーとの差があまりなく，外注先のマネジメントが安定する．昨今の製造業では，需要を正確に捉え，それをコントロールする仕組みの整備が求められている．

4.4　各種法規，契約，関税の考慮

4.4.1　工場を設置・運営するために必要な法規

(1)　都市計画法

都市計画法の用途地域は全部で13種類(2018年に田園住居地域が追加)あり，住宅系，商業系，工業系に大別される．

工業系の用途地域には，①準工業地域，②工業地域，③工業専用地域がある．準工業地域とは，住宅，商店などの建物が建設できる地域であり，工場と住宅が混在するため，建設できる工場に制限がある．工業地域とは，工場が集積し，工場による生産が多い地域である．住宅を建てることができるが，どんな工場でも建設できるため，住居として適していない．工業専用地域とは，生産業務を円滑に実施できる地域であるため，住宅を建設することはできない．

(2)　建築基準法

工場などの建物を建築する際には，建築基準法の制約を受ける．建蔽率により，敷地に対する建物の面積割合が決められており，容積率により，敷地に対する建物の延べ面積が決められている．また，建物の高さ制限がある．

(3)　工場立地法

①工場立地法とは，緑地面積率等に関する区域の区分ごとの基準を定めたものである．業種として製造業，電気・ガス・熱供給業(水力・地熱発電所・太陽光発電所をのぞく)，敷地面積が9,000平方メートル以上または建築面積が3,000平方メートル以上の規模を対象に，敷地面積に対する緑地面積の割合が20%以上であること，敷地面積に対する環境施設面積(緑地面積を含む)の割合が25%以上であることが必要である．

以前は，工場等制限法(一定面積以上は建設できない)，工場再配置促進法

（工場の集積地域からの移転を促進させるための補助金），工場立地法の３つを工場三法と呼んでいたが，現在では工場立地法だけが存続している．また，業種によって生産施設の面積率の上限が異なってくる．

(4)　工場で扱う危険物

工場で扱う危険物や製造上で発生する騒音や臭気，廃棄物の取扱いについては，②騒音規制法／振動規制法，③水質汚濁防止法排水基準，④廃棄物処理法（一般廃棄物，産業廃棄物），⑤悪臭防止法，臭気指数規制，⑥消防法などを遵守しなくてはらない．

消防法は，火災を予防し，警戒するとともに，これを鎮圧し，国民の生命，身体及び財産を火災から保護することを目的とする法律である．消防法で扱う危険物は第１類から第６類まで分類されており，甲種危険物取扱者は，すべての危険物を取り扱うことができる．乙種については，例えば，乙種第４類危険物取扱者は，乙第４類であるガソリン，アルコール類，灯油，軽油，重油，動植物油類などの引火性液体を取り扱うことができる．特に，取り扱う機会が多くなる第４類については，丙種という分類があり，丙種危険物取扱者は，ガソリン，灯油，軽油，重油などを取り扱うことができる．

(5)　安全衛生

⑦労働安全衛生法とは，工場などで働く従業員の安全と衛生の基準を定めた法律である．一定規模以上の事業所では，統括安全衛生管理者の選任義務がある．10人以上50人未満で，製造業，電気業，建設業，通信業などの事業所では安全衛生推進者の配置が必要である．また，一定の業種及び規模（50人以上）の事業所ごとに安全管理者の設置が必要になる．さらに，常時50人以上の労働者が従事するすべての事業者では衛生管理者の設置が義務づけられている．労働者に対する医師による健康診断，産業医の設置についても定められている．

その他の法規類として，⑧電気事業法（電気工事士），⑨高圧ガス保安法・液化石油ガス保安規則・火薬類取締法，⑩水道法・浄化槽法，⑪ビル管理法，⑫毒物及び劇物取締法，⑬道路交通法，駐車場法など，事業の取扱い対象に応じて適用を受ける可能性がある．

4.4.2 製造物責任法

製造物責任法(PL 法)は，製造物の欠陥によって，人の生命，身体又は財産に関する被害が生じた場合に，製造業者等の損害賠償責任について定めてある．この法律によって，被害者の保護を図るとともに，国民生活の安定向上と国民経済の健全な発展に寄与することが可能となる．製造物の欠陥とは，当該製造物の特性，その通常に予見される使用形態，製造業者等が当該製造物を引き渡した時期，その他の当該製造物に係る事情を考慮して，製造物が通常有すべき安全性を欠いていることをいう．

生産物賠償責任保険(PL 保険)は，製造業者が第三者に引き渡した製品，業務の結果に対して賠償責任を負った場合の損害を，身体障害または財物損壊の発生を条件として適用する賠償責任保険である．

4.4.3 関税の考慮

関税率は，関税定率法の別表に定められており，この表のことを「関税率表」という．輸入貨物の価格または数量が課税標準となるが，価格を課税標準とするものを「従価税」，数量を課税標準とするものを「従量税」という．従価税と従量税を組み合わせたものを混合税といい，これには従価・従量選択税(選択税)と従価・従量併用税(複合税)がある．

外国から到着した貨物は，保税地域に保管され，税関官署に輸入申告し，関税，内国消費税及び地方消費税を納めたのち内国貨物となる．輸入許可承認を要する貨物の際は，税関の輸入許可を受ける前に各法令に規定する認可承認を得ておく必要がある．

4.4.4 契約と取引き

サプライチェーンでは，複数の関係者が工程や部品の製作を分担し，必要に応じて製品の開発や改善も分担する．最終製品を扱うメーカーから，部品の開発を依頼されるときには，自社だけでなく，複数の関係会社の協力を経て，開発が行われることが多い．その際は，開発する新しい技術や生産ノウハウにかかわる秘密事項が多く発生する．法務部門で取り扱ってもらいながら，権利と責任の所在を明確にし，守秘義務契約，開発分担の契約，ライセンス契約などを締結する必要がある．

開発した製品の供給に際しては，為替レート／品質保証／コスト／契約期間などの各種取り決め事項を計画の時点で漏れなく検討し，必要に応じて契約書に記述する．また，下請けに仕事を依頼する場合には，親事業者と下請事業者との取引きが公正に保たれるように，下請代金支払遅延等防止法がある．このように取引きに際しては，必要事項を網羅し，適切な契約を締結することが重要である．

4.5　工場の改善と人材育成

4.5.1　改善活動の組織化

工場の改善活動では，課内における自主編成などで日常的に取り組む改善と，複数の課に関係する問題を解決するためにプロジェクトを編成する場合がある．また工場内では複数のプロジェクトが進行しており，複数テーマの管理やメンバーの配置，入れ替え，提案の実現などが行われ，全社での推進体制が維持される．

(1)　人と設備の配置

製品によって必要な製造技術は異なり，必要な設備の種類と台数も異なる．設備をデジタル化すると製造に必要なスキルが変化し，求められる人材像も変化するため，職業教育の体制や内容が重要である．①工場の移転による人材の移動や担当替え，②新製品の製造開始に伴う業務の発生と職業教育，③パートタイム従業員や外国人従業員が適切に勤務できるようにする．

(2)　指導者と構成員の役割

指導者は改善の計画を立案し，計画に参加する構成員を決定し，改善活動を推進する．チームを組んで改善する活動は，組織的に計画され，定期的に実施される．分担された役割を十分に理解するとともに，チームの目標が達成されるように役割に応じた適切な行動を行う．個人による改善活動は，改善を奨励する日常の仕組みである．日常から改善を意識した活動を行うとともに，経験豊富な指導者から改善の着眼などを学ぶことも必要である．

4.5.2　改善を促進する日常の取組み

改善の取組みを効果的に運営するために，指定された様式に改善案を記述し，提出してもらう提案制度や，改善の取組み結果を公表する発表会などがある．

① 提案制度：工場内の改善の取組みを促進するために，提案制度を活用する．企業によっては提案ごとに，一時金が支給される場合がある．

② 発表会と表彰制度：工場では，年に数回程度，現場改善などに関する発表会があり，優秀な発表には表彰がなされる．発表の内容については，工場の食堂，生産現場の通路の壁などに掲示される場合が多く，工場全体での重要な取組みになっている．この改善活動は，他部門のメンバーと交流を深める機会にもなる．

③ 標語の設定や掲示：工場に掲示する標語については，安全週間の設定，ポスター，安全標語の募集などにより行われる．そして，優秀者の選考，結果の公表，掲示などが実施される．また携帯物や胸につけるバッチなどの配布・回収が行われる．

④ 資格の取扱い：製品を製造するために必要な資格については，資格の名称が記述されたプレートとともに，額縁に入った資格者の名前や写真が工場内に掲示される．資格については資格手当，一時金の支給など，給与への反映がなされる場合がある．

4.5.3　QCD の同時達成

生産現場では，一人一台持ちから，部品供給の自動化を進めることによって，複数台の一人持ちや複数台の複数人持ちに移行でき，作業者は段取り替えを中心に行えるようになる．また生産能力を増強するときには，例えば2台の機械でまとまった工程を担当できるとき，2台のペアの機械を1グループとし，グループ単位で生産能力に見合う能力まで拡張を進める．ワークの処理時間がまとまった時間になるように自動化を進め，段取り替えのタイミングが同時に発生しないように生産スケジュールを組んで生産のペースが保てるようにする．人による段取り替え作業をロボットに置き換えることにより作業者を解放し，より広範囲の職場を担当できるようにする．特に，自動送り装置，自動停止装置の設置により監視の必要がなくなり多台持ちが可能になる．その目的は「人と機械の分離」である．これによって，原単位であるチャージ／分を改善することができる．

大量生産の場合の品質保証については平均値と分散，抜き取り検査の考え方が中心であったが，個別の仕様で構成される製品の場合は，1つひとつの製品の品質保証が問題になる．このため抜き取り検査ではなく，全数検査によって検査記録を蓄積することが増えている．組立セルの場合は，全作業を特定の作業者が行って品質確認をした記録を蓄積し，工程を分担する場合には，作業者を固定し，誰がどの部分を担当したのかを後日，追跡できるようにする進め方が増えている．

4.5.4　組織マネジメントと人材育成

(1)　技能継承とキャリアパス

事業運営に必要な技能・技術を発展させ，事業展開に確実に結びつけるためには，重点的な技能・技術の特定，人材の能力マップの作成，OJT や Off-JT を考慮した従業員の教育訓練計画の策定と実施により，計画的な従業員の能力向上を図る．特に，企業の技能・技術を体系的に維持管理し，継承に具体的に結びつけるためには，各種資格制度や技能検定の活用，社内表彰制度の確立，さらには人材育成を担う企業内指導員の養成が重要である．自社の人材育成制度の拡充のために，公的な職業訓練施設の活用，テクノインストラクター（職業訓練指導員）による支援の活用などもあげられる．

(2)　多様化する工場組織の人材育成

立場や待遇の異なる従業員が，工場組織の一員として活発に活動できる職場環境を構築する必要がある．

派遣従業員については，派遣元との契約を遵守し，パートタイム従業員や契約従業員については，勤務時間やシフトなどのスケジュールの配慮が必要である．特に，生産計画の変更に伴うスケジュールの変更に注意する必要がある．外国人従業員については，言語，文化，習慣の違い，祈祷室の確保などの配慮が必要になる．

また，定年を迎える人材を指導者として活用することも重要である．経験が豊富な定年退職者を再雇用し，企業の維持・発展のため，若手の育成を依頼することにより，退職者の生き甲斐にも結び付く．

さらに，若手リーダーの育成では，グローバル化する企業経営に対応できる人材を養うために，工場プロセス全体の把握や，SCM の視点の重要性，トレードオフ問題の解決，コスト意識の高揚など，職場で実践的に活躍できる人材を早くから育成していく必要がある．場合によっては，役職定年制を採用し，若手の育成や組織の活性化を図る必要もある．海外工場の場合は，文化，習慣，宗教への配慮，インフラ・環境などを考慮に入れるなどして，日本で実施している工場運営の仕組みを現地の事情にあうように改善できる能力を養う必要がある．

4.6 新しい時代への対応

4.6.1 オープンイノベーションとオープンビジネスモデル

製品技術の開発について，ヘンリー・チェスブロウによれば，自社での研究開発は限界があり，大学や他社の技術ライセンスや外部からのアイデア募集など，広域の連携が重要であるとした．これをオープンイノベーションと呼び，自社だけで開発を進める環境とは対極にある．

また，オープンイノベーションからオープンビジネスモデルへの発展も見られている．例えばLinuxなどのオープンソフトウェア開発を基盤に，それを活用したオープンビジネスモデルが設計されるようになってきている．

4.6.2 国際物流とSCM

グローバル化の進展によって，企業は国を超えた経済活動を進めており，工場立地や生産戦略もグローバルな視点で考えられるようになってきた．品質・コスト・納期のベストバランスを考慮しながら，最終消費者に近いところで生産を進めたり，協力会社の地理的な関係を重視したりするようになってきた．開発拠点は集中・分散を含めて，戦略的に考えられている．これによりグローバルにものの流通が行われるようになった．グローバルビジネスが展開されると国際物流の役割が大きくなる．物流機能が大幅に改善されてくると，物理的な距離ではなくリードタイムやサービス時間が重要になる．

サプライチェーンマネジメント(SCM)は，供給連鎖のマネジメントであり，調達，生産，販売の機能の視点よりも，ものの流れの視点からマネジメントを行うことである．ただし，図表4.1に示すようにサプライチェーンの各要素の活動目標は，それぞれ異なっているため，全体のバランスを考慮する必要がある．サプライチェーンプランニング(SCP)は，需要予測を計画に含める視点である．販売実績をもとに補充計画を立案するのではなく，販売実績から需要予測を行い，その結果をもとに補充計画を立案することである．これに，サプラ

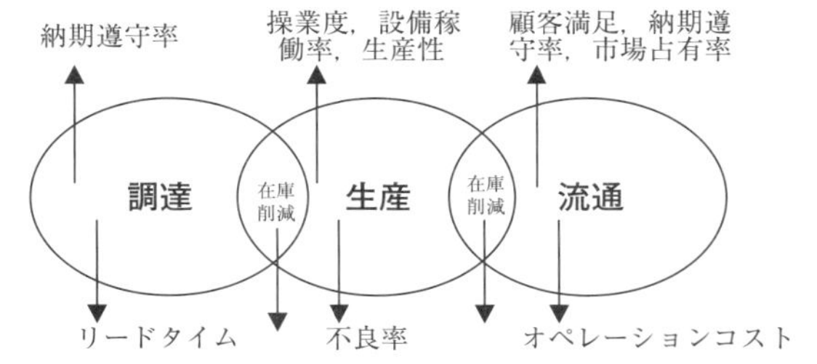

図表 4.1　サプライチェーンの各要素の活動目標

イチェーン・デザイン[2]やエンジニアリングチェーン[3]という視点を取り入れ，4.1.3項で説明した技術連携を取り入れたものづくりネットワークの構築をめざす必要がある．

4.6.3　EMS の活用と問題点

EMS(Electronics Manufacturing Service)とは，生産を代行するサービス[4]である．すなわち，生産工程を請け負う製造のアウトソーシングである．EMS の活用により，コストが大幅に下がり，設計・サービスに集中できるという利点がある．また生産を集中して行う EMS から，コストダウンや生産性向上に関するさまざまな提案をもらえるという点もある．

一方，国内工場を極端に縮小してしまうと，製造ノウハウが蓄積できなくなる事態が生じ，設計開発に影響が及ぶことがある．若手の設計技術者が生産現場を知らず，ものづくりを想像できないまま設計業務を行うため，設計で削減した材料費に対して，それを調達して生産するコストが上昇し，収益と費用が相殺されてしまうことがある．

最近では，巨大化した EMS が出現し，委託側となる製造企業を買収する場合もある．製造業としての方針や戦略を明確に持ちながら，技術・技能の集積による企業競争力の強化を進める必要がある．

4.6.4　生産の自動化とその進展

(1)　生産設備の再編成や生産性の向上

生産設備の再編成には，製品の切り替えに伴って発生する生産ラインや設備の入れ替えと，製品のリニューアルや生産性の向上をめざすために行われる設備更新などがある．事業の基盤となる汎用的な設備については，減価償却が済むまで使用し，老朽化に伴って設備を更新するのが一般的である．

一方，当該事業における生産性の向上や競争優位性を維持するため，生産設備を法定耐用年数の期間で稼働させるのではなく，その設備で生産するために最も経済的な稼働期間を設定し，経済的耐用年数の範囲において投資資金を回収し，設定した期間が過ぎたら，新しい設備に入れ替える場合がある．事業環境によって設備の扱い方が変わり，保守・メンテナンスの考え方も変える必要がある．

⑵ コンパクトラインやセル化の留意点

設備を小型化し，コンパクトラインを構成することによって，大型の設備よりも設備費用や設置費用を抑えることができる．さらに，消費電力が低く，コンパクトで設置が容易な設備であれば，他工場への展開を容易にする．コンパクトラインを複数持つことによって，仕事が多くある繁忙期は複数のラインを稼働させ，仕事が少なくなる閑散期には，生産に必要なラインのみ稼働させるなど，需要の変動に柔軟に対応することができるようになる．

組立セルでは，製品を１つのセルで完結して組み立てられれば，工程間在庫を持つ必要がなく，需要変動への対応は組立セルの稼働数でコントロールできる．作業者は，一貫して製品を組み上げることから製品を仕上げたという満足感を得ることができる．さらに，誰が生産したかわかるので品質保証に関する責任の所在が明確になるという利点がある．一方，作業の質が作業者の体調に左右されやすく，大物や重量物の製品の場合には，セル化しにくいなどの問題がある．

⑶ 海外展開を含めた他工場への設備移転

汎用的な生産システムや特殊な生産システムを識別し，海外展開にふさわしい設備の移転について計画を行う．例えば，国内のマザー工場で設計する生産設備として，国内外で統一した設備を採用する，個別生産に対応する特殊な生産システムは国内で運営し，汎用的な生産システムを国外で展開する，などの明確な方針が必要である．

海外展開する設備として，使用できる電源，気温や湿度などの環境の考慮，主要設備に付帯する周辺機器の計画と調達，高度な自動機器の取扱いについて注意する．ロボットや搬送システムで生産のフレキシブル化を図ったとしても，現地でのメンテナンス，協力工場の有無，保守部品の供給レベル(納期・品質・コスト)などを考慮する必要がある．高度な自動機器の調整の難しさを考慮し，完全な自動化ではなく現地の実情に応じて人材の上手な活用を取り入れた生産工程の構築が必要である．

(4)　グローバル化時代の工場管理とその基幹情報システム

生産拠点がグローバルになると，生産情報システムについてもグローバルな環境に対応できるシステムを構築する必要がある．

マザー工場で使う生産管理システムを海外工場でも展開できるようにするため，各国の言語／通貨／税務／法規制などに対応し，パラメータの設定で利用環境が切り替えられる構造化したシステムを構築する．さらに，セキュリティ，通信回線の速度・品質などを利用可能なレベルで確立する必要がある．また，海外工場との意思疎通の進め方を事前に決める必要がある．トラブル発生時の対処方法，コミュニケーションの手段なども規定しておく必要がある．

4.7　生産管理情報システム

生産管理情報システムには，企業全体を管理するERP(Enterprise Resource Planning)や，従来から構築・運用されてきた生産管理システムなどがある．

ERPには会計，販売，資産管理などの1つとして生産管理の機能を用意しているものと，後者と同様に複雑な工場運営に対応するため，個々の顧客ニーズに応じて豊富なサブシステムとカスタマイズを行う体制が整えられているものがある．

生産管理の中核はMRPであるが，現在では，製番管理システム(Order Control System)や，独立需要品目は製番で管理し，他製品と共通の部品はMRPで手配をするハイブリット型の部品中心生産方式，あるいは個別のシステム構築に対応するプロジェクト型の生産管理システムなど複数のオプションから選択が可能になっている．

4.7.1　生産部品表

製品マスターデータの整備方法として，一般的にBOM(Bill of Materials)が使われる．部品表のデータ構造は1960年代にIBMが部品表管理エンジンとして提案した方式が定着し，現在では，できあがる品目を親，使用される部品を子として，親－子関係によって構成を表現することが常識とされている．しかしながら，製品種類が増大すると構成データが増え，変更や管理が難しくなるという問題が発生する．

製品及び，製品を構成する部品や材料を品目と呼び，品目の一覧が示されたものを品目マスターという．また品目同士の関係を，親－子関係によって表現したものを構成データと呼ぶ．構成データの階層を親品目から下位にたどるとき，親を子に分解し，さらに子を孫に分解する．

例えば，図表 4.2 に示すように「製品あ」は親で，その子が「部品 A」，「部品 B」，「部品 C」となる．「製品い」は，「製品あ」の「部品 B」を「部品 D」に置き換えたものである．親子関係による構成の表現方法を採用すると，製品構成が部分的に異なる場合には，「製品あ」の構成データをそのまま利用することができず，親品目名を「製品い」に変えなければならない．一方，「部品 A」に「部品 Z」，「部品 C」にも「部品 Z」があり，さらに部品「部品 Z」の子部品が同じであれば，図表 4.3 に示すように部品 Z に対して一通り作成すればよい．

また，最近では，品目が通過する工程とその順序を表現する工程表(Routing)を用意し，BOM と工程表によって，ものづくりデータを表現できるようになっている．製品の生産形態は，規格品の大量生産と多品種少量生産に大別できるが，ものが市場に行き渡り，市場が成熟すると顧客ニーズが多様

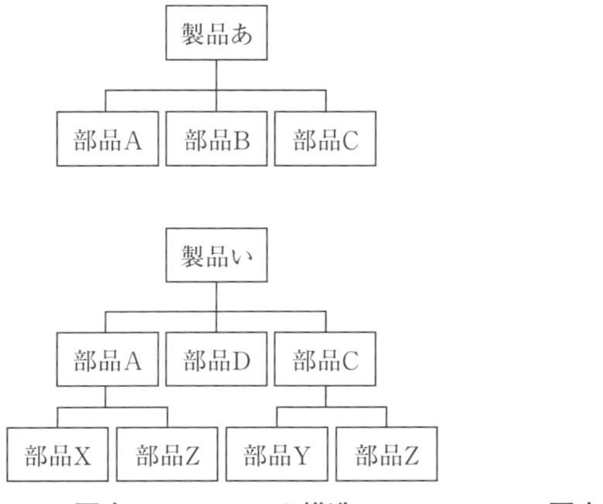

図表 4.2　BOM の構造

Z−p
Z−q
Z−r

図表 4.3　共通部品の構造表現

化し，それに応じて製品も多仕様化に向かう．また比較的生産が容易な大量生産が新興国で展開された結果，国内では顧客の要望にきめ細かく対応できる製品づくりに主眼が置かれるようになった．しかしながら，多品種少量生産に対応したマスターデータ構造を持つ情報処理システムを構築することは，意外に難しい．

4.7.2　部品表の問題点

顧客の要望を満たすために製品を多様化すると，BOMの構成データが急増し，部品表のメンテナンスに多数の工数が必要になり，製品の改良や変更にすぐに対応できなくなる．①仕様変更(追加)の際，親品目の登録とその配下の構成データを変更する必要がある．②その際に，ほぼ同じ品目でありながら違う名前の品目を独立需要品目に至るまで登録する必要が生じる．③共通部分のある部品を設計変更する場合には，すべての製品に適用してよいかの判断が必要である．④設計変更が一部に留まれば，共通部分は個別部分に変化する．⑤もとの構成データから仕様の異なる部分だけを変更し続けることにより，部品表が複雑になる．製品種類が増大し，構成データ数が肥大化すると，部品構成表の整備が難しくなり，変更ミスも発生しやすくなる．図表4.4に下位品目の変更に伴って，変更しなければならなくなる品目を示す．

4.7.3　FBOM

FBOM(Fundamental Bill of Manufacturing)は，統合工程部品表[5]と呼ば

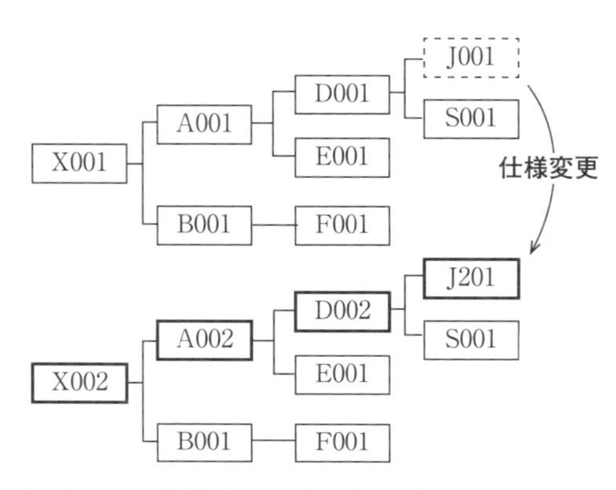

図表4.4　仕様変更に伴う部品構成表の問題点

れ，製品を多仕様化する際に発生するBOMの問題を解決することができる．部品構成と製造プロセスを統合表現し，類似製品をまとめて品目群として扱う．品目群の共通作業は，品目群に対して1つだけ設定する．品目の用途や使用条件によって品目の仕様が異なり，そのため作業の仕様が異なる場合は，それに応じた作業の選択ができる．これにより共通部分と個別部分の生産や調達の管理が容易になる．なお従来型のBOMの外側に工程部品表を用意し，構成データの子部品に投入する作業ステップを記入するものが現れている．この方式では加工などの作業仕様を表現しないので，構成が同じでも1工程の作業仕様だけ違う品目が発生すれば，その品目に異なる品目コードを発行しなければならない．FBOMは，構成と工程の両者を統合管理する．

FBOMの構成データは，図表4.5のようになる．すなわち，製品とその子部品，工程を登録する際に設定される品目とプロセス，プロセスと作業ステップ，作業ステップと作業仕様，作業仕様と投入品目(材料，仕掛品)のそれぞれの関係が構成データになり，これらの関係の合計が構成データ数となる．

構成データを増やさない有力な方法としてFBOMには用途・使用条件が設されている．例えば電動ドリル(図表4.6)の用途・使用条件について，本体の色，トルク，バッテリがあるとすれば，色が青，赤，トルクが10，20，バッテリが30〜60分，61〜90分，91〜120分のとき，製品の組合せは2×2×3の

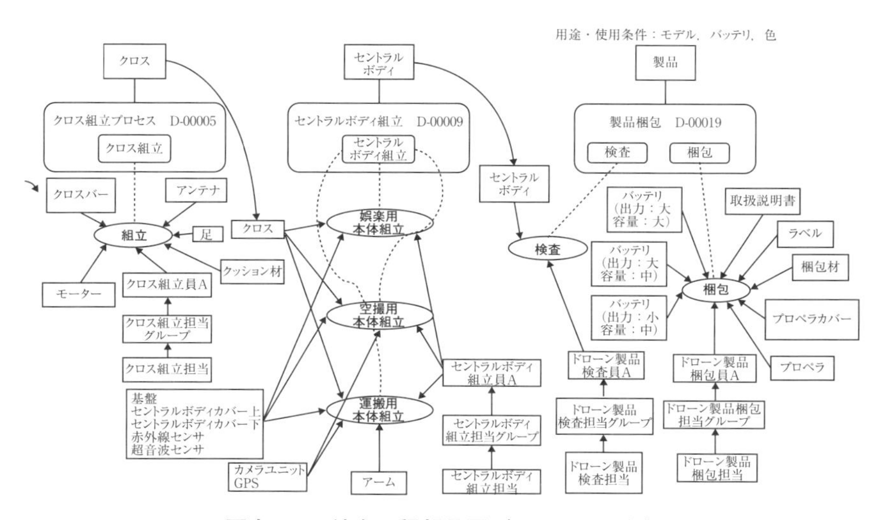

図表4.5　統合工程部品図（ドローンの例）

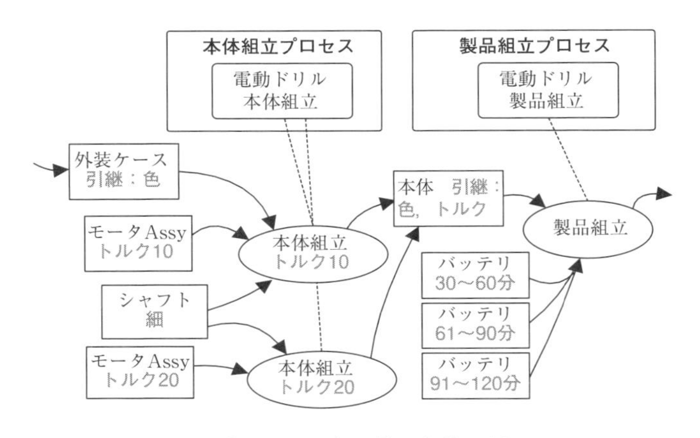

図表 4.6　用途・使用条件の例

12通りになる．用途・使用条件を利用すれば，1種類の統合工程部品表で12通りのバリエーションを表現できる．また製品の性能に違いがあっても，寸法や数量の値を下位品目に引き継ぐので，共通部分として表現できる範囲が大きくなる．例えば発注元の個別仕様があるとき，多少のサイズ違いであれば，新たに部品表を準備する必要がなくなる場合もある．構成データを爆発させない方法を提案している研究は少なく，本方法は構成データ数の増大を防ぐ有力な解決策となり得る．

4.7.4　F-BOM

統合工程部品表(FBOM)を有効に活用するために，製番管理型の生産管理システム(F-BOM)を用いて，製品の多仕様化に対応できる生産管理を実現する．①製品構造と製造方法として，最初に，ものづくりのプロセスを統合工程部品表に写しとる．次に，用途・使用条件を確認し，部品構成や加工仕様の違いを明確にする．

②引き合い・見積もり・契約では，用途・使用条件により，適切な仕様を決定する．③統合生産計画では，注文や販売を見通し，需要予測に基づき生産計画を立案する．計画の変更や飛び込み注文を取り込むとともに，仕様未定の共通部品，共通材料の先行手配を行う．④資材供給計画として製品や生産部品の製造プロセスを調べ，作業ごとに必要な「もの」の供給を計画する．資材供給計画は，オーダーごとの全生産活動の連鎖であり，これをオーダーネットワー

クと呼ぶ．⑤供給計画の段階で生産に必要な資材が準備できることを確約し，お客からの納期回答を行うことを ATP(Available To Promise)という．

⑥作業指示・購買依頼を行い，⑦加工・購入品の実績把握を行う．⑧生産スケジューリングでは，保有する生産資源の稼働計画を与える．この段階での顧客への納期回答を，CTP(Capable To Promise)という．

具体的な供給計画については，製品や生産部品の製造プロセスを調べ，作業ごとに必要な「もの」の供給を計画する．供給オーダーに供給予定日を設定し，余剰品を引き当てる．供給計画のリードタイムは目安としての標準値を使用する．

また，供給計画は，完全紐づけ型の製番管理であり，製番を与えた計画を生産オーダーと呼ぶ．すなわち，計画品目名＋製番で個別管理を行い，同じ品目で繰り返し生産する場合は別の製番を付与する．中間製品，供給する資材も同じ製番を与え，1つの製品の製造プロセスの違う工程で同じ部品や資材を投入する場合は枝番をつける．生産実績については，生産計画に合わせて確認でき，仕様変更や設計変更では変更を正確に判断することができる．また，現物がどの生産計画に基づいて生産されたかのトレーサビリティの保証に結び付く．供給計画は製番管理型ではあるが，共通品は MRP が使用できるハイブリッド型を用いている．

供給計画の後に実施される生産スケジューリングは，次の手順で行う．

① ものづくりのプロセスを「ものづくり技術データ」に写し取る．

② 仮想工場を情報システム内に構築し，設備稼働スケジュールを立案する．

③ 生産要求を，計画品目を生産するための一連の加工作業である task と資材供給オーダーからなる「オーダーネットワーク」に分解する．

④ オーダーネットワークに優先順位を与える．顧客納期を優先し，ボトルネック工程も考慮しながら，稼働率が最大限に高まるように優先順位を与える．具体的には，オーダーネットワークの各作業に，製品完成までの実作業時間を計算する．この値に基づき，ボトルネック工程でどの作業を優先するのかを計算し判定する．また，この値は各工程での優先順位決めやロットまとめの範囲決めに利用することができる．

⑤ 仮想工場にオーダーネットワーク群を与え，模倣実行させる．具体的には，優先順位決めや生産資源の選択などの生産活動制御と，資源割り当て結果に基づく資源特性に応じた加工作業時間などから，現場のものづくり

の様子を模倣実行する.

⑥　好ましい模倣実行結果をスケジュールとして取り出す.

これにより，CTP による納期回答をすることができる.

(1)　トレーサビリティ

製造された製品がどの部品を使い，どの工程をいつ通過したのかを追跡できるようにすることである．生産の実績を入力する際に，どの部品を使用したか，どの製造工程なのかを選択する．もし製品を納品した顧客から，異常に関する問合せがあったときに，部品にまで遡って追跡し，異常の原因を究明するとともに，異常が起きた製品と同じロットなど，同様の異常が発生する懸念のある製品を特定し，適切に対処する(図表 4.7).

(2)　コンフィギュレータ

提供可能な仕様の組合せを登録しておき，顧客の希望する仕様の組合せを，コンフィギュレータを通じて見積もることによって，提供できない組合せの製品の契約を防ぐことができ，構成可能な製品の見積もりを素早く正確に行うことができる．図表 4.8 に示すように，顧客が要望する用途・使用条件をコンフィギュレータに生成させ，それを生産管理システムに渡すことで，顧客が要望する仕様で，かつ生産可能な製品の生産オーダーが展開される.

(3)　仕様未定による先行手配

BOM の場合は，仕様が決定され部品構成表を登録してから生産計画を立案する手順が一般的だが，FBOM の場合は，仕様がすべて決定されていない状態でも生産計画が立案できる．例えば内装色を仕様未定として受注及び生産を開始し，仕様未定期間の間に内装色を決定してもらうことで，顧客納期を変更せずに仕様未定の先行手配 [6] を実現する.

具体的には，FBOM の用途・使用条件を利用して先行手配を行う．「未定」という名前の仕様および仕様未定に対応する作業仕様を FBOM に登録して生産を手配し，顧客納期に間に合う時点までに顧客に仕様を確定してもらう仕組みである．例えば，色＝未定と登録しておき，後日，色＝白に変更するという使い方である．未定とした仕様が有する納期遅延までの期間を，F-BOM で保持し，仕様未定の状態を確認できる画面を用意することで，未定とした仕様と

図表 4.7　トレーサビリティ

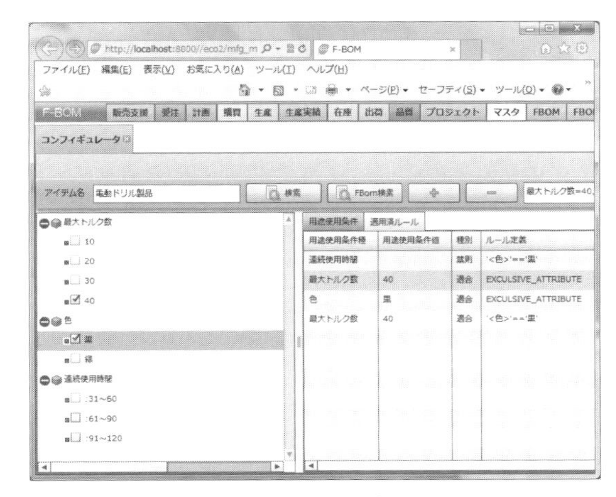

図表 4.8　コンフィギュレータ

生産オーダ入力　ガントチャート　仕様未定生産オーダ一覧

検索

警告区分	オーダ番号	…	…	…	手…	…	品名
-	PQ00000018-001	-		通常	内作		A製品（未定,特注品）
-	PQ00000017-001	-		通常	内作		A製品（未定,特注品）
警告	PQ00000016-001	-		通常	内作		A製品（未定,特注品）
致命的	PQ00000015-001	-		通常	内作		A製品（未定,特注品）
致命的	PQ00000014-001	-		通常	内作		A製品（未定,特注品）

図表 4.9　仕様未定オーダーにおける警告区分

その余裕期間の管理を容易にする．

図表4.9(p.159)に，仕様未定の期間をアラート表示する機能を示す．仕様未定の期間に余裕がなくなると，「警告」または「致命的」と表示される．これらの表示を確認しながら，余裕期間内で顧客に仕様を確定してもらうことにより，顧客納期を遵守しながら生産を進めることが可能となる．

これをBOMで実現するとなると，かなり複雑な処理になる．①仕様未定を含む部分をBOMから分離する，②可能な仕様の組合せの構成を複数登録し，受注実績割合などから比率で見込み手配する，③代表的な製品で仮登録し，仕様が確定した段階で計画変更を行う，などがある．③の場合について，生産シミュレーション[7]を用いて分析したところ，ある一定以上の業務の負荷がかかると，仕様未定を処理する業務に著しい遅延が発生する懸念があることがわかった．

(4)　生産マネジメントの非計画的アプローチ

さまざまな仕様の要求に対して，個別に対応しながら，かつ業務スピードを上げるためには，顧客の要望する仕様を積極的に製品に反映し，ものづくりを素早く実現できるようにする必要がある．すなわち，その都度，即興的に対応し，市場と顧客の要望に対応する仕様の製品をつくり，管理するという考え方が必要である．これを本書では，生産マネジメントの非計画的アプローチ[8]と呼ぶ．非計画的アプローチとして，Orlikowski(1997)は，ITの新技術導入にあたって，即興的な対応による変化が有効であると指摘した[9]．変化とは，予測可能性がない機会と挑戦を成り立たせる進行中の過程であると認識されている．また，Mintzbergによれば，その場で創発的に行動して学習し，これを繰り返す過程で戦略の一貫性がみえてくるとした．

生産現場では，さまざまな問題に遭遇する．新たな仕様の依頼が来たとき，納期回答ができず，依頼を断らざるを得ない．さらには，飛び込みの引き合いや注文に臨機応変に対応しなければならない．このような状況に対して，非計画的アプローチに基づいたビジネスモデルを構想し，顧客の要望に柔軟に対応することによって，顧客の問題解決に貢献し，顧客とともに成長する事業が実現できる．

非計画的アプローチを実践するためには，あらかじめ製品の仕様や組合せを決め，その範囲で製品を顧客に提供するのではなく，顧客の要望に柔軟に合わせて製品を多仕様化することによって，製品群を整えるアプローチを採用する．既存の原材料や生産資源(設備・機械，技術・技能者など)を活用できるのであれば，新しい製品分野でも構わない．ビジネスの組織はある外部環境のもとで事業領域[10]を規定し，戦略を決め，製品体系を作り込む．顧客は製品を使い，使いこなすと用途の拡張や，使用条件の改良を求めてくる．さらに，技術の発達した現代では，模倣品や類似品が出現し，価格競争を回避するならば製品仕様を改良し続ける必要がある．

従来型のBOMやMRPシステムでは，製品体系が進化するとそれに相応しい生産情報システムを用意する必要がある．それに対してFBOMを用いると，統合工程部品表に製品構造と製造方法および制御方法を追加登録するだけで済ませることができる．

(5) 出図，計画情報の共有

F-BOMを用いて仕様未定で先行手配を行う場合，共通部分の加工図を出図することができる．仕様が決まった段階で，追加の出図あるいは表示も行えるようになっている．これにより，設計担当者と製造担当者の業務連携がより密になる．

また，スケジューリングの結果については，タブレットを用いて現場で確認でき，さらに大型ディスプレイを設置したデジタルサイネージにより，生産現場の情報を関係者で共有できるようになっている．タッチパネルを採用することにより，その場でアクションがとれるようになっている．

(6) IoTによる工場のデジタル化

従来，工場内では生産管理などの上位系システムと，現場管理システムである製造実行システム(Manufacturing Execution Syetem：MES)が統合され，自動化が推進されてきた．その範囲は，IoTによって工場の外部に拡大し，センサー技術の発達によって，より多くの情報が収集されるようになった(図表4.10)．工場設備をクラウドを介して接続することで，工場管理者が，工場の外から工場内部に設置されている設備の稼働状況をモニタリングしたり，工場の内部から外部に設置されているどの設備の稼働状況でもモニタリングしたりできるようになった．

もう1つはセンサーの発達による多点計測である．設備の主要部分の温度，

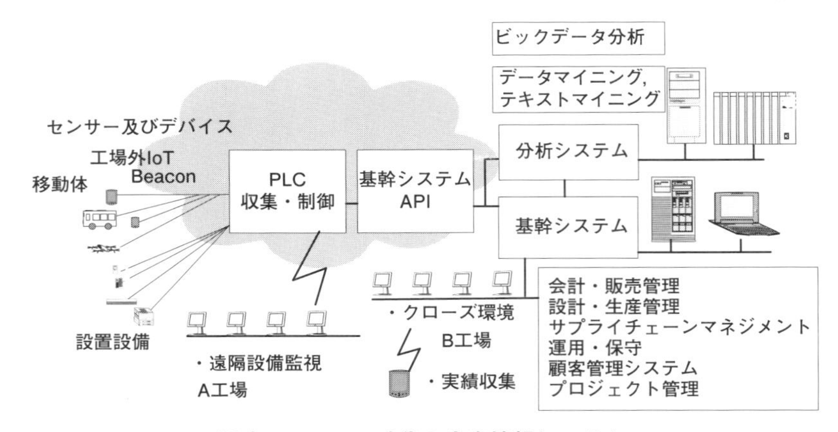

図表 4.10　IoT 時代の生産情報システム

電流，外界の湿度など，きめ細かい情報が比較的安価で取得できるようになり，コンディションモニタリングが大きく発展した．移動体に対しては，ビーコンの発達により，位置情報の取得がきめ細かくできるようになり，工場内物流や工場外での移動情報が的確に捉えられるようになった．

さらに，M2M の利用も進展している．例えば，不具合の発生した設備へのワーク投入の停止や，システムから設備を切り離して代替設備へ誘導するなどである．スケジューラによる自動再計画では，検査工程で不具合が発生したら，それを検知してスケジューラに実績を返す．スケジューラでは実績フラグにより，手直し工程の計画や失敗した品目の生産スケジュール案を生成し，確認指示書を作成して管理者に送信するなどのプロセスが試行され始めている．

IoT の発展により，工場の設備がインターネットに接続されるようになると，セキュリティ対策が今まで以上に重要になる．例えば，コンピュータウィルスの侵入を防ぐためにウィルスパターンと比較して，ウィルスを排除する方法が主流であるが，アプリケーションが不正な動作をしようとしたときに，直ちに動作を止めるという方法も使われるようになってきた．ウィルスパターンを更新する必要がなく，今後の利用が期待される．このように，新しい技術の採用とともに，情報システムの脆弱性の評価と回避や，セキュリティ侵犯の対処方法，セキュリティポリシの確立と利用者教育などについて，工場全体で体系的に取り組んでいく必要がある．

第5章

製造ビジネスを構築・運用する際に役立つ方法

5.1 創造的開発技法

5.1.1 自由連想法

(1) ブレインストーミング法

米国のBBDO社のオズボーンが考案した発散技法の自由連想法である．集団で発想する場合，アイデアが出にくくなることから，4つの基本ルールが考えられた．

第1は，「判断延期」である．その場で出たアイデアの批判や，良し悪しを判断せず，アイデアを出すことに専念することを意味している．すなわち自由に発言してもらうことにより，創造力が発揮できるということである．

第2は，「自由奔放」である．思いつくままに自由に発言することを大事にするということである．

第3は，「質より量」である．どんどんだせば，質の高いアイデアもでてくるという発想である．

第4は，「結合改善」である．誰かが出したアイデアを工夫し，ときにはアイデアを結合させ，より良いアイデアに改善していくことである．発言のすべてを記録し，キーワードで要約する．結果の評価は後日行う．

(2) ブレインライティング法

西ドイツの経営コンサルタントのホリゲルが考案[1]した．653法とも呼ばれており，6人が5分間で3つのアイデアを出していく．

6人で1グループとする場合，3×6 = 18枚の枠が印刷された用紙を各人に一枚配る．最初の5分で，上位3つの枠に，アイデアをそれぞれ3つ記入する．5分後に隣の人に用紙を渡すとともに，他の人の用紙をもらい，2段目の3つの枠に3つのアイデアを記入する．このとき前の人のアイデアを活かして発想する場合は「↓」をつける．別のアイデアに移るときには「－」を引き区別する．これを繰り返し6段目までいったら終了する．全部で6枚の用紙に108個のアイデアが得られる．

次に，各人が魅力的なアイデアに星印をつけていき，用紙を一周させる．星印の数が最も多い枠から順に魅力的なアイデアの候補とし，話し合いによってベストなアイデアを決定する．それぞれの枠を切り離し，類似のものをグルーピングしてアイデアを整理する方法もある．

5.1.2　収束技法

(1)　KJ法

文化人類学者の川喜田二郎が，現地調査をまとめるため考案した技法[2]である．テーマを決め，取材をする．取材をしたデータをカード化し，似たものを集め表札をつける．表札のついた束をさらにまとめ，上位の表札をつける．これらを紙面上に配置する．最後に，紙面上に配置したカードの束を全体がわかるように順序良く説明するために，文章化を行い，口頭発表する．

カードをまとめる一連の順番を1ラウンドとし，問題整理，原因追究，解決策立案など，いくつかのラウンドで問題解決に導く場合を累積KJ法という．

(2)　親和図法

新QC七つ道具の1つであり，KJ法を読み換えたものである．新QC七つ道具とは，親和図法のほかに，連関図法，系統図法，マトリックス図法，アローダイアグラム，PDPC法，マトリックスデータ解析法がある．

5.1.3　強制連想法

(1)　チェックリスト法

オズボーンのチェックリストが有名である．発想の9つのポイントは，①他への転用は，②他の応用は，③変更したら，④拡大したら，⑤縮小したら，⑥代用したら，⑦再配列したら，⑧逆転したら，⑨結合させたら，である．チェックリストとはミスをしないようにするために，確認すべき項目を列挙し，列挙された項目に沿ってもれなくチェックするのが一般的な使われ方であるが，オズボーンのチェックリストは，発想をするために使用される．

(2) 欠点列挙法

アイデアを出すとき，欠点を分析し，欠点ごとの具体的なアイデアを出すという進め方である．最初に欠点を出すブレーンストーミングを行い，その後，欠点を改善するブレーンストーミングを行う．

(3) 形態分析法

形態分析法は，ズイッキーによって考案された．先入観から逃れるために，あらゆる可能性を追求するという視点から，ものごとを細かく構成要素に分解し，それらの組合せにより，解決をめざすというものである．

5.1.4 類比発想法

(1) シネクティクス法

シネクティクス法は，ゴードンによって考案された．2つのアプローチがあり，1つは「異質馴化」であり，もう1つは「馴質異化」である．前者は，初めて見聞きしたものを，自分のよく馴れたものに使えないか，ということであり，後者は見慣れたものを新しい観点から見ることにより，異質な観点を探せないかということである．

(2) NM 法

NM 法は，中山正和によって考案[3]された．①課題を設定する，②キーワードを決める，③類比を発想し，思いつくままに類比になる実例(Question Analogy)を探していく．課題に直接関係がなくてもよい．④ QA の背景を QB(Question Background)とし，⑤アイデアを発想する．QB で出てきたイメージを課題にどう役立てればよいのかを考え，QC(Question Concept)とする．⑥最後にたくさん出てきた QC を解決策にまとめる．

5.1.5 TOC の思考プロセス

ゴールドラットが考案した思考プロセス[4]は，本質的な問題を発見し，解決していくプロセス[5]である(図表 5.1)．すなわち，何を変えるのかを分析するのが，現状問題構造ツリー(Current Reality Tree：CRT)であり，何に変えるのかを検討するのが，蒸発する雲(Evaporating Cloud)と呼ばれる対立解消図(Conflict Resolution Diagram：CRD)と，未来実現ツリー(Future

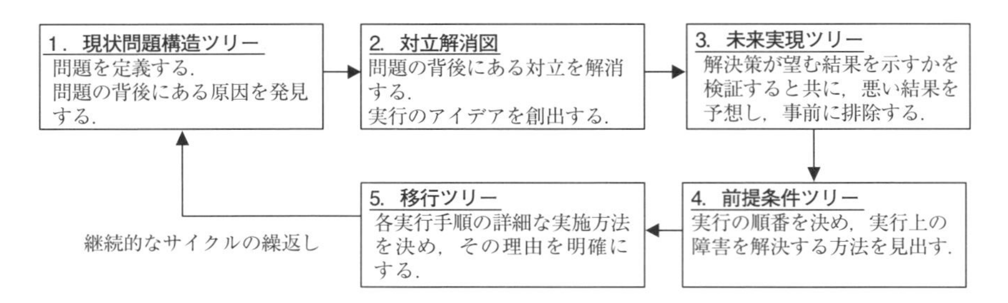

図表5.1　TOCの思考プロセス

Reality Tree：FRT)，さらにFRTの一部として含まれ，予想される悪い結果を排除するためのネガティブブランチ(Negative Branch Reservations：NBR)である．そして，どのように変えるのかを検討するために，前提条件ツリー(Prerequisite Tree：PRT)と移行ツリー(Transition Tree：TT)がある．

5.2　問題発見・解決方法

問題解決は，製品ライフサイクルのすべての段階で必要であり，問題によっては，複数の関係部門の人材が必要に応じて参加する形態になる．そのため，企業の組織に属するすべての人材が問題解決に関する基礎的な能力を有している必要がある．

5.2.1　問題とは何か

問題とは好ましいとはいえない状態のことであり，ある状態に変えたいという欲求や要請に導かれて発生する．問題解決に対する意識が高ければ，問題をすぐに発見でき，それを解決したいという欲求も生まれるが，問題に対する意識が低い場合には，問題そのものが取り上げられることがない．したがって，問題と思うか，問題と思わないかによって，その後の企業活動が異なるといえる．

問題認識の違いについては，知識や経験の違いがあるが，現状を認識できるようにするために，できるだけ問題解決プロジェクトに参画するとともに，必要な教育訓練を受ける必要がある．

(1) 発生型の問題

業務を運用しているときに，基準から逸脱し，これが問題として発見される場合がある．例えば，生産ラインでものづくりを進めるうちに基準となる精度から外れてしまった，決められた性能を発揮できない設備が発生した，などの例があげられる．もう１つは，目標を設定したが，決められた日時までにその目標が達成できなかったために，発生する問題である．例えば，売上目標が達成できなかった，などの例があげられる．

(2) 探索型の問題

業務を推進していくうえで，あまり好ましいとはいえない状態を見つけたり，現状をもっと良くしたいという考えから生まれたりする問題である．例えば，顧客からクレームが発生しないうちに対処する，納期回答に関する顧客の待ち時間を短縮する，などがあげられる．

(3) 将来の課題

自社の将来の方向性，新技術や方法などの考案など，新たな課題に対応するために取り組む設定型の問題解決である．構想企画段階で扱う創造的な問題解決であり，発生型や探索型の問題解決とは区別される．

5.2.2 問題の収集と整理

(1) 問題の性質と関係

問題には，重大，あるいは軽微なもの，自部門の責任において解決できるものと他者の責任権限の範囲にあって自部門だけでは解決できないもの，さらには解決が難しい問題や，原因の有無などがある．問題の関係性については，問題が独立しており個別に解決できるもの，複数の問題が関係しているもの，さらに多岐部門にわたっている問題がある．

複数の問題が複雑に絡み合っている場合には，それらの関係を明らかにしなくてはならない．さらに，関係する部署や担当者の立場の違いによって，業務に対する考え方が異なり，業務の進め方の違いや，使用する同じ専門用語までも違う意味で使われることがある．このため，同じ問題でも認識が大きく異なるときがある．

(2) 問題を整理する目的

問題を整理する目的には，①不明確な問題を明らかにする，②複雑に絡み合っている問題を整理する，③全員で問題点を共有する，④問題を整理することによって，思いこみから脱出する，⑤真の原因を追及し，解決策の立案に結びつける，⑥問題解決の目的を明確にする，⑦解決案を考えるときのヒントにする，などがあげられる．

(3) 問題の表現

問題の表現に関しては，最初に問題の把握を行い，次に事実と意見，さらには必要に応じて発信者を分けることによって客観的な事実を把握することができる．

①問題の把握として，業界動向，生産現場，売上・経費を調査し，顧客の声，経営者の声，生産現場・外注・協力者の声などを収集する．そして，～が～に変化した，～が～と言っている，などとしてまとめる．製品Ａの売上が減少傾向にある，昨年に比べて顧客からのクレーム発生件数が増えている，製品の仕様変更が頻発している，などである．

②問題に対する認識については，対象を認め，事実や本質を理解したり，それに対する意見を表明したりしたものである．～は(～だから)問題だと思う，などの表現を用いる．次に，客観的な事実を把握する．例えば，顧客の変更要求に対応するため仕事が大幅に増えている，という表現があるとき，実際の作業工数を調査してみると，わずかな工数しか消費していなかったという結果がみられるときがある．担当者が変更対応の煩わしさを刻銘に記憶していて，かなりの作業工数を費やしたという思い込みが存在しているためである．このため，問題把握の段階と，客観的な事実を整理する段階を分ける必要がある．

(4) 問題を取り上げる範囲

問題を取り上げるアプローチとして，ある特定の問題を取り上げる場合と，できるだけたくさんの問題を取り上げ，問題の全容を明らかにしてから，取り組む問題を絞り込む場合がある．特定の問題を明らかにする場合は，目的が明確で予算や期間が限られるときであり，軽微な問題であれば，比較的短時間で問題を解決できる．一方，問題の全体を明らかにする場合には，全体の業務の質が把握でき，解決の方向が見えやすくなる．

しかしながら，調査の工数がかかること，問題の発生範囲が広く問題も多くなりやすいために，すべての問題を短期間に解決できないという注意点がある．最初に，問題の全容を知ることが重要な場合も多いので，問題解決の目的を明確にしてから，実際の活動を進めるようにする．

5.2.3 問題の設定

問題を取り上げたら，どの問題を対象に解決をめざすのかを決定する．問題によっては高い成果が見込まれるが解決が難しいもの，高い効果は得られないが，解決がしやすい問題がある．問題解決がしやすくても改善を行う権限が及ばない他の部門の業務と関係している場合もある．

このようなことから，問題解決の目的や難易度と効果，領域や範囲，期間，条件などを整理し，解決すべき問題を設定する．

5.2.4 原因の分析

設定した問題の原因を分析する．基準から逸脱している場合には，①基準から外れないように作業手順を守る，②基準の設定に問題がある，③基準から外れやすいものづくりが問題である，などに分類でき，それぞれによって解決策が異なってくる．

目標が未達成である場合には，①目標に到達しないことが問題である場合と，②目標の設定に問題がある場合がある．例えば，ある工程の歩留まりが基準より悪くなることが多発しているとする．オペレーションレベルの問題として，作業者が決められたとおりに生産していない，作業者の技能が一定レベルに達していない，などの原因が考えられる．一方，管理レベルの問題として，生産の方法が適切でない，目標が厳しすぎる，などの原因が考えられる．

5.2.5 解決策の立案

(1) リエンジニアリング

図表5.2に示すように，リエンジニアリングとは，現状(As-is)のモデルを出発点とし，固有の技術や業務に関する知識，過去の経験などを踏まえながら，各種改革コンセプト，ベストプラクティス，情報技術を活用し，3ムを排除しながら，あるべき姿(To-be)のモデルを立案することである．あるべき姿とは，理想のモデルであり，理想とは永遠に達成し得ないことからTo-be likeな

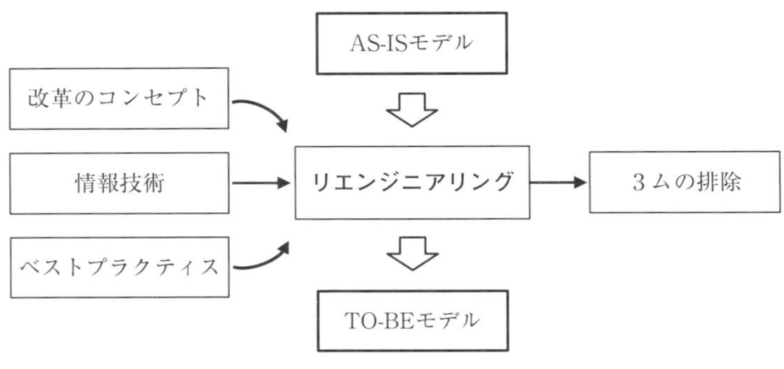

図表 5.2　リエンジニアリングの概念

モデルと読みかえる場合もある．これらの情報は，解決策を生み出すためのヒントやきっかけである．例えば，ベストプラクティスが実行されている外部環境や内部環境がまったく同じになることはないので，そのまま自社に適用しても成功することはない．自ら考えることが重要であり，考えることを支援するための方法論である．

また問題解決には，改革のような大きな変化と，改善のような小さな変化がある．すなわち，ある時点のビジネスを，次の時点のビジネスに改変するとき，軽微な改善の積み重ねから大規模な改革までさまざまな改変のレベルがある．トヨタ生産方式における KAIZEN は小さな改善を繰り返し行う方法であり，継続的な改善(Continuous Improvement)として有名である．

(2)　改革のコンセプト

問題解決策を導き出すために，5W1H，ECRS，3S，5S などの各種改革コンセプトや着眼を参考にして To-be モデルを立案する．

①　5W1H

5W1H とは，Who：誰がやるのか(作業分担を考える)，What：何をやるのか(付加価値作業と非付加価値作業)，When：いつやるのか(作業の時期や順序)，Where：どこでやるのか(外段取り化)，How：どのような方法をとるのか(工程，作業の改善) に着眼し，改善策を考えることである．

②　ECRS

ECRS とは，排除(Elimination)：業務を目的と手段の関係に分解整理し，上位の目的からなくせないか検討する，結合(Combination)：別々に行なわれている工程を一緒にしてみる，置換(Replacement)：工程の前後を入れ替えてみる，単純化(Simplification)：業務(作業)を分解し，複雑な部分を取り除いて単純化する，のことであり，4つの頭文字からなる用語である．

③　3S

3Sとは，効率的な作業設計の基本原理であり，標準化(Standardization)，単純化(Simplification)，専門化(Specialization)をいう．

(3)　ベストプラクティス

ベストプラクティスとは，他業界で最高な業務のやり方を実現している事例を見つけ，それを学ぶことである．競合相手のビジネスについては情報を得ることが難しいので，異業種の企業から情報を得ることが一般的である．参考になる文献のほか，対象企業を訪問し，インタビューにより有用な情報を入手する．対象企業の業務の優れている考え方，優れている部分を学び，自社のビジネスに取り入れることはできないか考える．

例えば，トヨタ自動車は，スーパーマーケットにおいて顧客の必要とする商品を必要なときに，必要な量だけ在庫して店頭に陳列し，お客を迎えるという仕組みを研究した．その結果，商品棚への補充方式の考え方を取り入れたかんばん方式が考案された．

(4)　3ムの排除

3ムとは，ムダ，ムラ，ムリであり，解決策を立案する過程で3ムが排除される(ダラリの法則)．ムリ，ムダを排除し，ムラのない活動を立案する．

「ムダ」とは，より良い代替案があっても，それを採用しないことである．

「ムラ」とは，やり方に不安定さがあり，結果にばらつきが生じることである．

「ムリ」とは，一時は良いが，長続きしないやり方を進めることである．

(5)　代替案の作り方

解決策を立案する場合には，複数の代替案を作ることが重要である．開発や生産の現場において，技術系の人材は，経営者の意図や，将来の技術動向を検討しながら，実現可能な代替案を作成する．

代替案には，案の関係が独立になるものや背反関係になるものがある．独立案は，1つの案を選択しても，その後，もう1つの案を独立して選択できるものをいう．背反案は，どちらか一方を選択すると，他方は選択できなくなる場合をいう．

一般に代替案の作成では，背反関係となる案を用意し，それぞれの案について，メリットやデメリットを検討する．代替案の特徴を明示できれば，より良い案に修正しやすくなり，他の背反案を立案する際にも役に立つ．代替案の作成過程はアイデア出しを行い，それをまとめる過程である．議論の過程で得られたアイデアをさらに改良して具体化し，代替案にまとめあげる活動が必要である．

(6)　代替案の選択

代替案の評価を行う際には，評価項目を設定し，それをもとに比較を行う．一般的な評価項目として，重要度，実現容易性，コスト，緊急性などがある．これらの項目を記入したマトリックス表をつくり，視覚的にわかるようにして検討する．得点づけを行う場合には，各項目の得点の総合計を比較し，最も高い得点の案を選択する方法が有力だが，必ずしもそれが良いとはならない．コストが高くても重要度や緊急性が高い案や，予算が限定される場合にはコストが優先される案を選ぶこともある．このように，条件や制約との関連についても，考慮する必要がある．

また，トップマネジメント，開発設計部門，生産部門，営業部門などの立場の違いによって代替案の評価が異なる場合がある．解決策を立案する部門が，自らの都合で評価をしても，その後の他部門への説明で同意が得られない場合が生じることがある．立場の違いを十分考慮して評価を行うか，利害関係のある部門に，あらかじめ意見を求めることも必要になる．

5.2.6　問題の表現方法

問題の表現方法には，リスト，ツリー，グループ，関係図の4つがある．リスト(図表5.3)は列挙と順位づけであり，ツリー(図表5.4)は上位から下位の階層に向かって分解していくため，トップダウンである．グループ(図表5.5)は，似た内容の付箋をグルーピングし，見出しをつけたものを再度，グルーピングしていくので，ボトムアップである．関係図(図表5.6)は，問題の因果関係を表したものである．

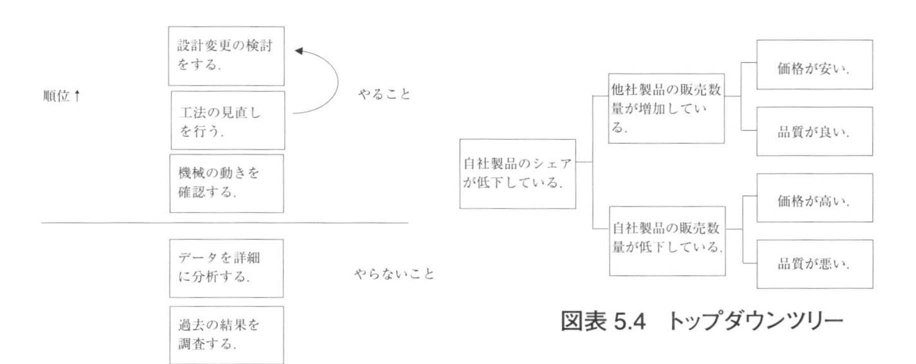

図表 5.3 リスト表現

図表 5.4 トップダウンツリー

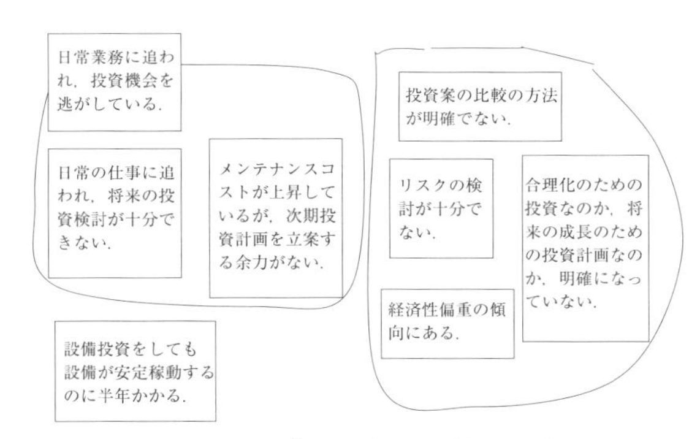

図表 5.5 グループによる問題記述

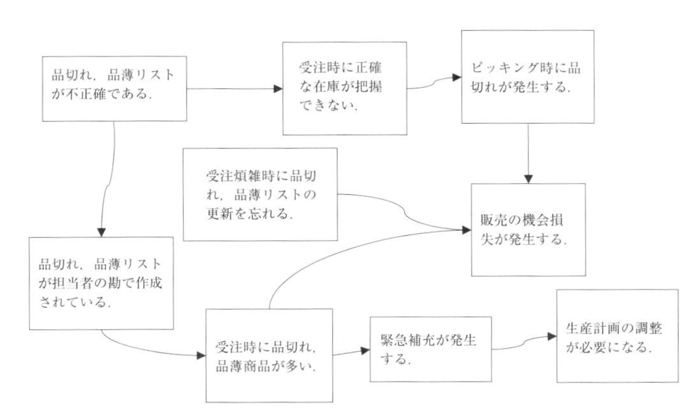

図表 5.6 関係図による問題記述

5.3 プロジェクトマネジメント

5.3.1 プロジェクトマネジメントのプロセス

プロジェクト組織の特徴は，特定の課題を遂行するために各部門からプロジェクトの遂行に必要な人材が集められチームが編成される点である(1.5.1項を参照)．そして，プロジェクトの目的が達成されたらプロジェクト組織は解散される．

(1) プロジェクトの立ち上げ

最初に，①プロジェクト名，プロジェクトの目的を設定し，②成果物の定義と制約条件の考慮を行う．次に，③プロジェクト予算，完了日時と，④プロジェクト組織を決定し，⑤プロジェクトマネジャーとプロジェクトメンバーを選出する．上層部でプロジェクトマネジャーと主要メンバーを決定する場合と，プロジェクトマネジャーの決定後に上層部を交えて，実現すべき事項に必要な能力を検討しながら，各部署にメンバーの人選を打診する場合がある．プロジェクト組織を編成する際には，プロジェクトの推進に影響を与える⑥利害関係者(ステークホルダー)を見極めるようにする．

(2) プロジェクトの計画

プロジェクト推進チームは，プロジェクトの具体的な推進内容について計画を立案する．

①プロジェクト概要では，プロジェクトの目的を具体化してプロジェクトの内容がわかる概要書を作成し，連絡が必要な社内の部署や，利害関係者に説明ができるようにする．

次に，② WBS(Work Breakdown Structure)と③タスクの期間見積り及び順序の設定を行う．推進すべき事項を具体的な作業に分解し，作業の期間と順序を設計する．さらに④資源の割り付けを行い，完了日時を考慮しながら資源と期間の関係を設定する．

最後に⑤スケジュールに展開する．専門のソフトウェアを使用する際には，期間を調整しながらスケジュールを再描画でき，クリティカルパスの確認も容易に行える．

⑥予算配分では，予算の範囲で資源を確保して，各作業に割り当て，期待される水準の成果を満たし，顧客満足が得られるように計画を立案する．

⑦リスクの設定とその評価では，プロジェクトを推進するにあたってリスクとなる項目を洗い出し，リスクによる影響の程度や発生頻度などを検討し，もしそのリスクが発生した場合にどのように対処し，解決するのかをあらかじめ決めるようにする．

⑧コミュニケーションについては，プロジェクトメンバー間や利害関係者とどのようなコミュニケーションを行うのかを決定する．5W1H の明確化や，プレゼンテーションの方法，記録や進捗報告書の作成方法などを定め，適切な手段とタイミングでコミュニケーションが行えるようにする．

さらに，変更すべき点がプロジェクトの進行中に発生したときに，適切な変更を円滑にできるようにするために，⑨変更管理プロセスを設定する．変更要求の方法，変更の決定方法，変更の実施方法などを定めておくようにする．

(3) プロジェクトのコントロール

計画したプロジェクトを推進する際には，割り当てた資源による活動の状況である①技術パフォーマンスを管理するとともに，②プロジェクトの現在までの成果や進捗状況から，技術パフォーマンスが最大化するように調整を図る．さらに，③コスト及びスケジュールの差異を管理し，これまでの進捗状況からプロジェクトの変更が必要な場合には，変更管理プロセスを実施し，④プロジェクトの変更管理を行う．

⑤リスクの発生とその課題解決では，プロジェクトの計画で洗い出したリスクが発生した場合は，あらかじめ決められた対処方法を採用し，もし想定外の事項が発生したら，直ちに関係者を招集して対策を立案し，実行する．

最後に，⑥顧客管理を適切に行い，プロジェクトの達成に導くようにする．具体的には，プロジェクトの進行によって刻々と変化する顧客の状況を把握し，組織や担当者の変更，要求事項の変更や追加要求の把握などを含めた管理を的確に行う．

(4) プロジェクトの終結

プロジェクトの終了にあたっては，①成果物の確認を行い，②ナレッジを蓄積してから，③プロジェクトを解散する．プロジェクトが解散するとメンバーは本務に戻り，やがてプロジェクトの詳細内容がわかる人がいなくなる．そのため，プロジェクトの推進で得た成果を将来にわたって企業に浸透させていくためには，成果物のほか，プロジェクトを推進する際に経験した問題解決や利害関係者との調整などを記録したドキュメントを，組織が学習しやすいように考慮しながら，蓄積するようにする．また，プロジェクトの完了日を迎えたら，すぐに解散になるため，必要な記録や成果物を蓄積しながら，プロジェクトの計画やプロジェクトのコントロールを推進することが求められる．

5.3.2　WBS（Work Breakdown Structure）

WBSは，プロジェクトの作業を階層的に分解し，全体を階層構造で体系化したものの呼び名である．一般用語として用いる場合と，プロジェクトマネジメント用語として使う場合とでは，意味が異なってくる．一般用語として用いる場合には，種々の機能を持つ集団が互いに協力，分担して物の製作，サービスの提供などを行う作業を管理するために，作業の全体を何らかの分類体系で階層的に整理したものであり，各階層の作業の中身，すなわち管理単位を明確にしたものである．

プロジェクトマネジメントでは，上記に加え各管理単位であるワークパッケージ（Work Package：WP）の担当者，資源割当，作業時間，作業成果の勘定方法，コスト予算，および必要に応じて予算管理単位を明確にしたものが管理対象である．したがってWBSとWPは組み合わさって，プロジェクトの利害関係者に成果監視の視点を与えるものである．プロジェクトマネジメントでは，集団が共有の目的を達成するために必要な作業を分担し，互いに約束した分類で階層化していくことが求められる．1つのプロジェクトに対して，利害関係者で共有するWBSを1つ作成するのが一般的である．

5.4　権利の尊重

5.4.1　知的財産権

人間の知的な創作活動の所産に関する権利の総称であり，その性格（具体的な形のない無体財産）からみて無体財産権ともいわれる．知的財産権は，大きく分けて，発明や考案，意匠，商標を保護の対象とする工業所有権と，文化的な創作を保護の対象とする著作権とに分けられる（図表5.7）．

知的財産権法は，大きく分けて工業所有権法と著作権法とに分けることができるが，知的財産権法には，この他に，技術情報や営業上の情報（ノウハウ）に

図表 5.7 知的財産権の種類

工業所有権	特　許　権：物の発明，方法の発明，物を生産する方法の発明を保護 実用新案権：物品の形状，構造又は組合せにかかわる考案を保護 意　匠　権：物品の形状や模様，色彩を組み合わせた美観のある意匠を保護 商　標　権：文字，図形，記号，立体的形状，色彩又は組合せ，音に関する商標を保護
著作権	著　作　権：思想または感情を創作的に表現したもの 著作者人格権：公表権，氏名表示権，同一性保持権 著作隣接権：実演家，レコード製作者，放送事業者，有線放送事業者の権利

関する不正競争防止法や，半導体集積回路の回路配置に関する法律などがある．そのうち工業所有権法は，発明，考案，意匠，商標などを保護して，産業の発展や経済秩序の維持を目的とする法律であり，特許法，実用新案法，意匠法，商標法が含まれる．著作権法は，文芸，学術，美術，音楽の範囲に属し，思想，感情を創作的に表現したもの(著作物)を保護して，文化の発展に寄与することを目的とする法律である．

5.4.2 特許権

特許権は，発明に対して与えられる権利であり，特許権が成立すると特許出願の日から20年間，その発明についての独占権が認められる．

発明とは，「自然法則を利用した技術的思想の創作のうち高度のもの」(特許法2条1項)をいう．発明には，物の発明と方法の発明，物を生産する方法の発明がある．自然法則を利用したものであり，技術的思想であることを要するため，他人が反復して実現できないようなものは，発明とはいえない．発明は，創作の程度が高度のものであるので，低度のものは，考案として実用新案権の対象となるに過ぎない．

発明が特許されるためには，産業上利用可能性，新規性，進歩性，先願発明・考案との非同一性の要件が必要である(特許法29条，29条の2)．

① 産業上の利用可能性：産業上の利用可能性とは，当該発明が，産業上利用できるものでなければならないということである．

② 新規性：新規性とは，特許出願前に発明が一般に知られてしまっている

公知のものであってはならないということである．

新規性がない発明とは，公知発明，公用発明，刊行物に記載された発明，インターネットにより公衆に利用可能になった発明である．（特許法　第29条）

「公知」というのは，発明を秘密とすることについて特別の信任関係にあると認められるもの以外の者によって，具体的な内容が知られ得る状態におかれたことを意味する．したがって，外観で発明内容がわかる場合は，公の場で発表することによって公用発明となり，新規性を喪失することになる．なお，発明の新規性を喪失した場合にも，その例外として，一定の手続きを条件に新規性が喪失しなかったものとみなすことにされている．

すなわち，特許法は，a)試験を行ない，刊行物に発表し，電気通信回線を通じて発表し，又は特定の研究集会において文書で発表した場合，b)発明者の意に反した場合，c)特定の博覧会等に出品した場合には，新規性を失わないものとみなし救済をはかっている(特許法30条旧1項，旧2項，旧3項)．2011(平成23)年の改正では，これらに記者発表，テレビやラジオの放送も含まれるようになった．「発明者の意に反した」というのは，発明者が秘密にしておくつもりであったにもかかわらず，盗用や詐欺などによって公知になってしまった場合のことをいう．新製品の発表により新規性を失うこととなっても，これらの例外に当てはまる場合には，公知，公用，刊行物等公知となった日から1年以内(平成30年に改正)に必要事項を記載して出願すれば，新規性を喪失しなかったものとみなされ，特許を受けることが可能となる．

③　進歩性：進歩性というのは，新規な発明であっても，その発明に関する技術分野について通常の知識を有する者が容易に考えつくような発明であってはならないということである．

④　先願発明・考案との非同一性：後願の出願後に，先願の特許公報等の発行等がなされ，明細書等に記載された発明・考案と同一の発明に関する後願がある場合，その後願の発明は特許を受けることができない．ただし，先願と後願の発明者が同一か，出願者が同一である場合は，除かれる．

⑤　その他：公の秩序，善良の風俗，公衆の衛生を害するおそれがある発明ではないことである．

5.4.3　実用新案権

実用新案権は，考案に対して与えられる権利であり，実用新案登録を受けると，出願の日から10年間，その考案についての独占権が認められる．

考案とは，「自然法則を利用した技術的思想の創作」（実用新案法2条1項）をいうが，実用新案の対象は，「物品の形状，構造又は組合せ」にかかわる考案（実用新案法1条）である．発明と異なり，「自然法則を利用した技術的思想の創作」のうち「高度のもの」である必要はない．また，「方法の発明」や「物を生産する方法の発明」に対応する考案というものもない．

実用新案登録の要件とは，方式と基礎的要件の審査は行うが，登録要件の存否を実体審査することなしに登録し，出願者に権利を付与する無審査登録制度である．実体的要件である「新規性」，「進歩性」，「産業上利用可能性」，「先願発明・考案との非同一性」は，実用新案登録のための要件ではなく，権利を行使する際の要件である．なお，進歩性については，「きわめて容易に」考案できたときは，進歩性がないとされるのに過ぎないので（実用新案法3条2項），特許に至らなくても権利を行使できる要件を充足する可能性を有している．

5.4.4 意匠権

意匠権は，意匠に与えられる権利であり，意匠登録を受けると，登録出願の日から25年間（2020年4月以降），その意匠についての独占権が認められる．

意匠法では，意匠とは，「物品（物品の部分を含む．）の形状，模様若しくは色彩又はこれらの結合であって，視覚を通じて美感を起こさせるものをいう」（意匠法2条1項）と定義されている．

物品というのは，市場で流通する有体物をいう．したがって，不動産や，電気，熱，光のような無体物は，意匠法で定める物品の対象ではない．形状とは，外部から観察できる物品の外形で，模様とは，物品の表面に施された点や線や図，色分けなどをいい，色彩とは，表面上に施された着色のことをいう．視覚を通じて美感をおこさせるものとは，外観的に肉眼で見て，審美性を有していることである．花火は，光で形状や模様，色彩を表現するもので審美性があるが，有形的に存在できない無体物である．なお，物品の部分に係る形状，模様若しくは色彩又はこれらの結合についても，その部分が意匠として保護される．さらに，本意匠とそれに類似する意匠を登録する関連意匠と，登録の日から最大3年間，登録した意匠を秘密にできる秘密意匠がある．

意匠法2条1項の意匠には，「物品の操作の用に供される画像であって，当該物品又はこれと一体として用いられる物品に表示されるものが含まれる」（意匠法2条2項)とあり，物品にあらかじめ記録された画像が含まれる．なお，平成28年の審査基準改訂では，「あらかじめ」の要件が外された．

意匠権の実体的要件として，以下を満たす必要がある(意匠法3条，3条の2)．

① 新規性：新規性のない意匠は認められない(意匠法3条1項)．

② 創作の非容易性：意匠登録の出願前にその意匠の属する分野における通常の知識を有するものが，公然知られた形状，模様若しくは色彩又はこれらの結合に基づいて容易に意匠の創作ができたとされるときは，その意匠は，意匠登録を受けることができない．

③ 先願意匠との非類似性：後願の出願後に公報に掲載される先願の願書及び願書に添付された図面等に現わされた意匠に係る後願がある場合，その後願の意匠は意匠権登録を受けることができない．

④ 工業上の利用可能性：工業的な方法で物品に施すことができる要件であり，自然の石や美術品のような一点ものは意匠の対象にならない．

5.4.5 商標権

商標権は，商標に対し与えられる権利であって，商標登録を受けると，指定した商品又は役務(サービス)に関し，登録の日から10年間は，その商標についての独占権が認められる．なお，権利の存続期間については，何回でも更新できることになっている．

商標とは，「文字，図形，記号，立体的形状，若しくは色彩又はこれらの結合，音その他政令で定めるもの(以下，『標章』という)であって，次に掲げるものをいう(商標法2条，1項，2項)．

① 業として商品を生産し，証明し，又は譲渡する者がその商品について使用するもの

② 業として役務を提供し，又は証明する者がその役務について使用するもの

商品というのは，取引きの対象となり得る流動性や代替性のある有形的な動産をいう．流動性や代替性のない美術品，有形的な動産といえない電気，熱，光のような無体物などは一般的には対象とならない．

商標の形式には，ア.文字商標，イ.図形商標，ウ.記号商標，エ.立体商標と，これらのアからエまでの形式を複数組み合わせた結合商標，さらには，これに色彩を組み合わせた商標がある．立体商標とは，立体的な形状の商標であり，商品だけでなく，包装の形状，店頭などに設置される立体的な標識などがある．

2014(平成26)年の法改正により，新たに，色彩，音，動き，ホログラム，位置が商標に含まれるようになった．色彩商標とは，色彩のみからなる商標で，単色や複数の色彩の組合せからなる商標である．音商標とは，音楽や音声，自然音などからなり，動き商標とは，文字や図形が時間の経過に伴い変化するものである．ホログラム商標は，文字や図形がホログラフィーにより変化するものであり，位置商標とは，商品に付す標章の位置が特定されるものである．

普通名称，慣用商標，ありふれた名称や氏名などは，他と区別が難しく，商標として認められない．また，商標は次の実体的要件を満たす必要がある．

① 使用の必要性：自己の業務に係る商品又は役務について使用する商標について商標登録を受けることができる(商標法3条)．

② 先願商標との非同一性：同一，類似の商標が存在する場合には，後願の商標は登録ができない．

③ その他：公の秩序，善良の風俗を害するおそれがある商標は登録ができない．

5.4.6　著作権

著作権は，著作物を創作した者(著作者)に与えられる権利であって，著作物を創作した時から著作者の生存年間及び著作者の死後70年間(TPPに伴う延長)は，その著作物についての独占権が認められる(著作権法51条)．著作権には，著作財産権と著作者人格権がある．著作財産権は，著作物を複製，放送，展示をしたり，貸与や譲渡，翻訳などをしたりする権利を専有することにある．また，著作者人格権は，公表権，氏名表示権，同一性保持権から構成されている．これは，著作者の利益を保護するためにある権利のため，他者に譲渡することはできない．このほか，著作物の著作権者ではないが，著作物の伝達に重要な役割を果たす「実演家，レコード製作者，放送事業者，有線放送事業者」に認められる権利として，著作隣接権がある．

著作権の保護の対象となる著作物は，「思想又は感情を創作的に表現したものであって，文芸，学術，美術又は音楽の範囲に属するものをいう」と定義されている(著作権法2条1項1号)．著作権は，著作物による表現を保護するもので，表現されている思想や感情自体を保護の対象とするものではないから，表現されたノウハウやアイデアには及ばない．「思想又は感情」というのは，人間の精神活動による創作であることから，事実の羅列は，著作物に当たらないことになる．「創作的」というのは，完全なる無から有を生じさせるという程の強い意味ではなく，芸術的に高度である必要はない．誰が表現しても同じようになる表現ではなく，著作者の個性が表れていれば十分とするものである．「文芸，学術，美術又は音楽」というのは，知的，文化的精神活動の所産のすべてを含むものである．なお，コンピュータプログラムは，「電子計算機を機能させて一の結果を得ることができるようにこれに対する指令を組み合わせたものとして表現したもの」(著作権法2条1項10の2号)と定義され，著作物であることが明示されている(著作権法10条1項9号)．

5.4.7　著作権の特徴

著作権発生の要件として，著作権は著作物を創作した時点で自動的に発生するもので，工業所有権が登録することで権利が発生するのと相違し，登録も何も要しない．これは，日本はベルヌ条約に加盟しており，著作権の発生に手続きを必要としない無方式主義を採用しているためである．著作権の発生に届け出や，登録を必要とする方式主義国は参加していないが，現在ではヨーロッパや米国をはじめ，世界中のほとんどの国で無方式主義が採用されている．

著作権表示の仕方については，©(マルシーマーク)またはCopyrightと表記し，最初の発行年と著作者名を含めて表記する．マルシーマークに用いるフォントによって，文字化けが発生することがあるので，慣用的に(C)も使われる．

5.4.8　ノウハウ

ノウハウ(know-how)とは，技術上の価値ある情報のことで，未公開の新製品情報や顧客情報などとともに，財産的に価値のある秘密情報(トレードシークレット)のうちの1つである．ノウハウは権利化されたものではないので，その技術情報についての独占権は認められない．ノウハウには出願すれば特許権，実用新案権等の工業所有権を取得することができるにも関わらず，技術内容を知られることをおそれ，敢えて秘密のままにしておくものと，権利性がないため秘密にしておくものとがある．ノウハウは，不正競争防止法による保護の対象であり，第三者への開示に対しては秘密保持契約を締結する．

技術情報は，秘密性がなければ価値がないので，通常は，秘密性がない公知の情報はノウハウから除かれる．ただし，その公知情報を取得するコストを節減するために，ノウハウライセンス契約が結ばれることもある．

5.4.9 複製と引用

複製とは，複製といえるほど，本物と同じようなものを作ることである．複製の条件として，著作物でなければ，複製権は発生しない．例えば，プログラム言語やアルゴリズム，規約などや，決まりきった時候の挨拶などを書いたものである．また，私的利用の目的であれば複製することができる．ただし，コピープロテクトを解除する方法を用いる場合には，これにあてはまらない．

引用とは，自らの著作物に他の著作物の一部を取り込むことをさす．引用の際には，出所の明示，必然性，明瞭区分性，主従関係，同一性保持を遵守するようにする．

5.5 ビジネス設計と知識の活用

5.5.1 ビジネスモデリング

(1) 業務系システムの開発

業務系システムの構築と利用においては，現状分析，システムの企画・開発，導入と運用，保守の手順で進む．

最初は，顧客の要求を整理し，システムの概要を定義する．次に，システムの設計と開発を行う．顧客の要求を満たすシステムを設計し，データベース，ネットワーク，セキュリティなどの技術要件を満たす具体案を提示する．システム開発の途上においては，ユーザーにプロトタイプを示すと顧客要求とのズレを軽減できる可能性が高い．

システムが開発されたら，休日や夜間などの一斉切り替えや，部分的な移行から始める並行稼働などの移行計画を立案し，利用者への教育も含めて確実な導入を行う．保守については，基幹システムの運用要求などから，CE (Customer Engineer)や SE による保守サービスレベルを決定する．

また，システム開発能力の評価指標には，情報システムの企画，開発，運用，保守作業にかかわる国際標準の1つである SPA (Software Process Assessment)がある．

(2) ビジネスプロセス

Davenport (1993)は，ビジネスプロセスを「時と場所を横断し，始めと終わり，及び明確に識別されるインプットとアウトプットを持つ，仕事の活動における特定の順序」と定義[6]した.

keen(1996)[7]は，ビジネスをプロセスという視点から捉えるアプローチには，ワークフロー的視座と調整的視座(スキルやルーティンを調整することにより何ものかを創造するもの)の２つがあると整理している．それを踏まえ飯島(2000)[8]は，ビジネスモデリングに関する議論では，ワークフロー的視座からなされることが多く，その視点からみれば，プロセスとは「入出力システムの連結」であり，さらにビジネスプロセスとは，「ある目標を達成するために，情報処理や意思決定などの諸活動が，互いに結合しているシステム」として捉えることができる，としている.

事業を実現するために，ビジネスモデルが提案され，その実現を図るために業務プロセスが整えられる．具体的にはトップやミドルマネジメントからロアマネジメントに展開される統合的な業務プロセスと，各オペレーションプロセス，企業の外部を含めた業務間を連携するプロセスを総合的に構築する観点から，どの部分の構築が必要になるのかを見極める必要がある.

(3)　ビジネスモデル特許

ビジネスモデル特許とは，コンピュータやインターネットを用いてシステム化されたビジネスの方法や仕組みに関する特許である．コンピュータにより実現されたビジネス方法が特許適格性を有するためには，技術的側面が要求される.

ビジネスモデル特許の注目すべき例として，プライスライン社(USP5794207)の逆オークション特許がある．逆オークションとは，買い手が購入希望価格を指定して，売り手が入札する仕組みである．プライスライン社のメニューの１つに航空券の販売がある．航空会社は空席で飛行機を運行するよりも，値引きをしてでも航空券を販売したいが，それを低コストで実現する方法がなかった．プライスライン社は，インターネットを利用して顧客からの購入希望価格を契約航空会社に示し，最も安い価格で入札した航空会社に対し，顧客の購入希望価格で売買を成立させるシステムを構築した.

日本では，凸版印刷のマピオン特許(日本特許 2756483)と呼ばれる地図上の広告をマッピングする方法の特許，トヨタ自動車によるかんばん方式の特許(日本特許 2956085)などがある.

(4) ビジネスプロセスモデリング

ビジネスプロセスモデリング表記法であるBPMN(Business Process Modeling Notation)とは，ワークフローとしてビジネスプロセスを描画するためのグラフィカルな表記法[9]である．OMG(Object Management Group)で管理されている．BPMNの目的は，ビジネスモデリングの関係者が，容易に理解でき，共有できる標準的な記法を提供することである．ビジネスモデリングの関係者とは，ビジネスプロセスの管理者，ビジネスプロセスの構築・更新をするアナリスト，システムへの実装を行う技術者などである．

(5) ビジネスアナリシス

ビジネスアナリシスの知識体系ガイドであるBABOK(A Guide to the Business Analysis Body of Knowledge)[10]とは，ビジネスアナリシスの知識体系をまとめたものである．NPO法人IIBAから発行されている．組織のゴールを明確にしてニーズを定義し，ステークホルダー(利害関係者)との調整，並びにソリューションの定義と実装後の妥当性を確かなものにするために必要な知識，テクニック，専門的な視点などを提供するものである．

5.5.2 知識の活用

(1) ナレッジマネジメント

ナレッジマネジメントは，個人の暗黙知を形式知化し，組織で共有し，企業の経営に役立てることである．これを実現するため，野中らのSECIモデル[11]がある．暗黙知と形式知との交換・変換を循環させ，知識を創造する方法として4つのプロセスがある．暗黙知から暗黙知への変換を共同化(Socialization)，暗黙知から形式知への変換を表出化(Externalization)，形式知から形式知への変換を連結化(combination)，形式知から暗黙知への変換を内面化(internalization)と呼んでいる．

(2) ビジネス経験の蓄積と利用

ビジネスの改変の過程を蓄積し，後続のビジネスや他のビジネスの類似の場面で利用するフレームワークとしてビジネスシステムトランスフォーメーションモデル(Business System Transformation Model：BSTM)が提案[12]されている．BSTMは3つのサブモデルとカレンダーから構成される．ビジネスの改変の過程を記述するTransition/rationale modelでは，Issue, Argument, Alternative, Decisionというタグを用いて関係者による意思決定過程を蓄積する．Status modelでは，外部環境や内部環境など，ビジネスのある時点の状態を蓄積する．Result/evaluation modelでは，Issueにより変化した次のStatus modelにおいて，ビジネスを運用した結果と評価を記述する．さらにカレンダーは，企業内外の出来事を年表として蓄積する．これらの改変の記録はXMLで構成されたBSTMschemaに基づき半構造化データとして蓄積され，タグや属性検索により，改変の理由や変曲点などのさまざまな視点で検索できるようになっている(図表5.8)．

(3)　人工知能

人工知能(Artificial Intelligence：AI)とは，人間と同様の知能をコンピュータ上で実現しようとする試みであり，人間が知能を使って行う問題解決をコンピュータに支援させることである．温度変化などに対応する制御から，将棋の対戦のように対応するパターンが非常に多いものがある．

機械学習とは，コンピュータがデータから学習することであり，そのアルゴ

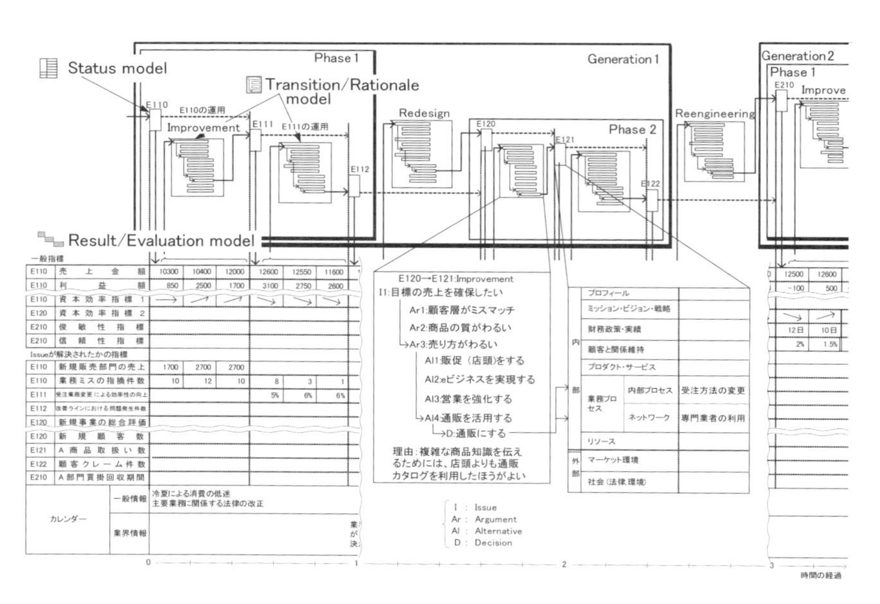

図表5.8　BSTMの概念図

リズムには教師あり学習，教師なし学習，強化学習などがある．ビックデータを与えるとパターンの学習が行われるが，その際には，学習データにどんな特徴があるのかを数値化した特徴量を人間が与える必要がある．

それに対して，ディープラーニングは，パターンの学習に使う特徴量を自ら獲得する．1958年にパーセプトロンが発表され，人間の神経を模した構造で入力層と出力層から構成されていた．1986年に改良されたバックプロパゲーション(誤差逆伝播法)は，入力層，隠れ層，出力層で構成され，この頃からニューラルネットワークが広く注目を集めるようになった．その後，2000年後半になり，ディープラーニングという用語が使われ始め，現在では，畳み込みニューラルネットワーク(CNN)，再帰型ニューラルネットワーク(RNN)などが提案され，画像認識や自然言語認識などに本格的に活用され始めている．

5.6 流通システムとそれらを支える情報技術

5.6.1 店頭データの収集と分析

(1) POSとEOS

POS(Point of Sale)は，小売店のレジで収集された販売時点の情報であり，単品ごとの販売数量を実売価格とともに管理できる．1970年代半ばに米国で実用化が進められた．収集されたデータは販売管理，死に筋商品や売れ筋商品の分析などに活用される．また卸売企業やメーカーでは，小売企業との連携により，日々の単品データをもとに製販統合へ発展させることが可能となる．

POSの基本は商品コードである．日本ではJAN(Japan Article Number)コードと呼ばれる商品コード体系が1978(昭和53)年より使用されている．JANコードは，米国・カナダで使用されるUPCコード，ヨーロッパを中心としたEAN(European Article Number)コードと互換性のある国際的な共通商品コードである．輸入品の場合も同様に使用が可能である．国コードとして日本は「49」と「45」が使われている．JANコードには13桁の標準タイプ(国コード：2桁，メーカー発売元：5桁，商品コード：5桁，チェックデジット)と8桁の短縮タイプがあり，バーコードという形でシンボル化している．

EOS(Electronic Ordering System：電子的発注システム)は，小売業と中間流通業者が受発注データをオンラインで交換する仕組みであり，1980年代に実用化が進められた．EOSがバーコードを利用した棚札(ラベル)と携帯端末が必要な少量多頻度配送を容易にし，コンビニ経営を可能にした．

(2)　個人属性付きPOSデータ

消費者の行動や心理状態を測定するために，従来の方法はアンケート調査や行動観察調査など，多くの作業工数が必要であった．しかし，クレジットカードや，顧客カードの普及により，市場調査技術に革命的な変化がもたらされた．POSデータは商品販売データであり，「何が」，「いつ」，「どこで」，「いくらで」売れたかという情報が得られる．これは5W1Hの観点からいうと，「誰が」，「なぜ」の情報が不足する．メーカーのマーケティングでは，製品開発や広告には，ターゲットとなる顧客の明確な識別が必要である．この欠点を補うために，個人の情報を購買時点で収集する仕組みを考慮したのが，個人属性付きのPOSデータである．個人別に顧客カードを発行し，レジでカードスキャンすることで商品購買データと結びついた個人情報が得られる．カードには，カード会員登録用紙に記入してもらった年令，性別，家族構成，趣味，住所などの個人情報がストアコントローラーに登録してあり，顧客コードをもとに情報の分析が可能になる．このデータを集約するとメーカーでは，5W1Hの残された「なぜ」購買を行うかを推定するための情報が得られる．購買行動の分析については，例えば，以下があげられる．

- ライト・ヘビーユーザの識別(購入金額と購入個数の対比)
- トライヤー・リピーター分析(指定世帯の購入個数による時系列積み上げ)
- ブランドスイッチ分析(属性分析における前回購入ブランドデータ)

最近ではIDのみが登録されているSuicaやPASMOも普及しており，個人属性の把握はできないがIDで識別するID-POSによる分析も行われる．

このため，多くの機会に顧客カードを使用してもらうことがポイントになる．店舗にとっては継続して自店で購入してもらう必要があり，市場情報として活用するためには，個人の購買行動をできるだけカバーした情報である必要がある．それゆえ顧客カードの保有者に対し，さまざまなインセンティブ(動機づけ)を与え，継続的な顧客カードの利用を促している．

5.6.2　流通システムの設計とそれらの構成要素

(1)　流通システムの設計

カテゴリーマネジメントに基づく棚割りと，売れるスピードで適切な補充ができる仕組みの実現により，効果的な店舗作りと効率的な店舗運用が可能[13]になる(図表5.9)．効率的な店舗運用では，正確で速くローコストな商品供給を実現する方策として一括物流があり，店頭に供給する商材を一括物流センターで準備することにより，店頭在庫を圧縮できる(図表5.10)．例えば，物流センターで，アイテムごとの売上げの推移を集計し，改廃するアイテム対象を絞り込む．

一括物流センターでは，店舗の棚在庫が合理的に維持されるような仕組みを作り，店舗オペレーションの簡素化とローコスト化を進める(図表5.11)．①～⑤の業務プロセスのデジタル化による同期化を実現し，店舗・本部・ベンダー・物流センター間の業務プロセスを整える．

① アイテム改廃 → センター棚ロケーション更新 → 仕入在庫基準
② 仕入在庫基準 → 仕入在庫管理 → 入荷棚入指示
③ 店舗発注 → 本部処理 → センター受注出荷指示 → 配車指示
④ 入荷・出荷指示に基づくセンター内作業と配送業務
⑤ 入荷・出荷在庫確定 → EDI決済

①～⑤の業務プロセスを同期化することによって，店舗発注から店舗納品までのリードタイムは短縮化の方向である．リードタイムの短縮は，店舗棚在庫の圧縮そのものである．例えば，当日AM12:00受注締切，当日PM6:00店着(6時間)は，当日の午後に売れる分のみを当日，補充することになり，入荷ロットの小ロット化に結びつく．単品管理をベースとした科学的店舗運用管理

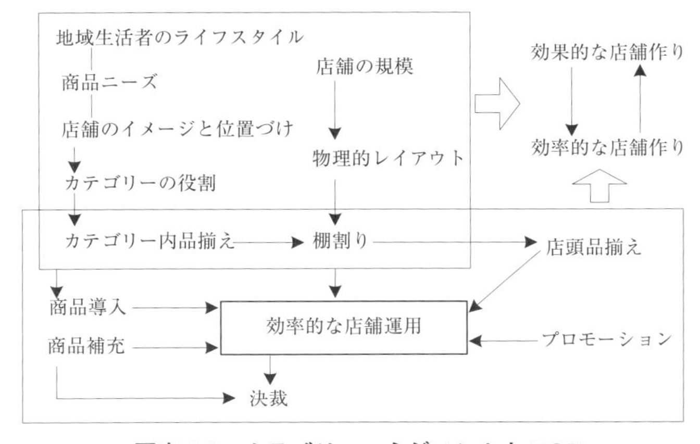

図表5.9　カテゴリーマネジメントとECR

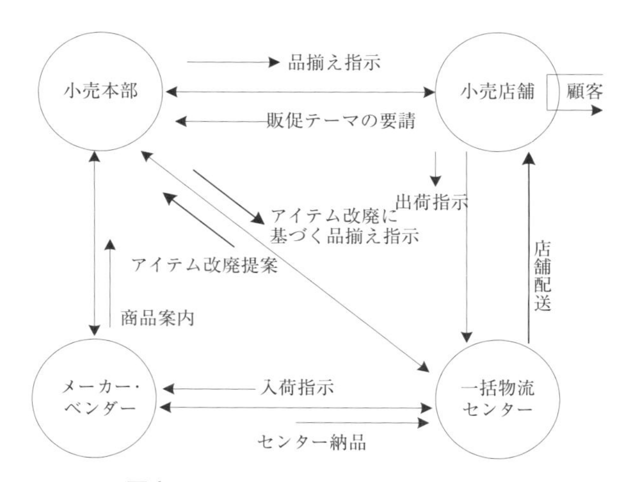

図表 5.10　メーカー，卸，小売の関係

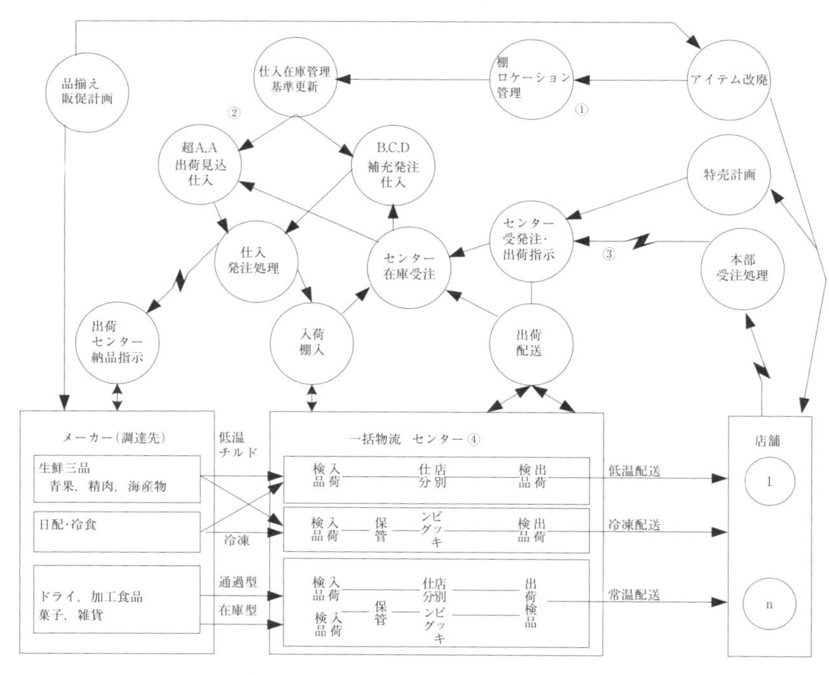

図表 5.11　一括物流センターの情報機能

は一括物流センターが支えることになる．

(2)　スペースマネジメントシステム

商品の陳列スペースや陳列の位置を管理することで顧客が購入しやすい売り場を構築し，売り上げや利益の向上を図ろうとすることであり，売上データベースとプラノグラムと呼ばれる棚割計画システムが利用される．

①グルーピングは，同一売り場に陳列される商品のくくりを決めることである．容量，ブランド指標などで分類され，商圏特性によって異なる．②ゾーニングは，スペース配分と配置を決定する作業である．ゴールデンゾーンは，90cm から 135cm 前後の水平方向である．ホリゾンタル陳列(水平方向)は，販売力が突出するグループがある場合に使用され，バーティカル陳列(垂直方向)は，各グループの販売力が拮抗する場合に使用される．③フェイシングは，消費者に面している商品の数のことである．

(3)　配送ルート計画，運行システム

配送ルート計画とは，どのような配送ルートが望ましいかを決定するものであり，ルート計画には，GA(遺伝的アルゴリズム)などが利用される．また実際の配送については，配車スケジュールの設定や荷物配送管理システム，ナビゲーションシステムによる管理やハンディターミナルによる実績処理が行われる．

配送の管理では，ITF(Interleaved Two of Five)コードが使われる．ITF コードとは日本の物流統一シンボルであり，その目的は，検品作業の省力化とスピードアップ，在庫のリアルタイム更新，誤出荷の削減，ペーパーレスによる経費削減などである．ITF コードの活用局面は，①入荷時の荷下ろしと入出力データ(荷下ろし検品案内，検品，実績報告)，②入庫時の格納(検品アドレス案内，格納，実績報告)，③出庫時ピッキング(棚ナンバーピッキング指示，ピッキング，実績報告)，④出荷時の積み込み(積み込み案内，積み込み，実績報告)である．

(4)　EDI(Electronic Data Interchange)

情報技術の発達により，企業間情報システムによるデータ交換(EDI)が，流通業でも製造業でも行われている．EDI は「企業と企業を結ぶ電子的データ交換」であり，企業間を流れる情報として発注から確認，請求，出荷，新製品情報，陳列情報などのすべての局面における情報交換を担っている．EDI によってペーパーレス化を実現し，伝票費用，人件費，郵送料を大きく削減した

が，最も効果があったのは「スピード」と言われている．

(5)　サプライチェーンマネジメント(Supply Chain Management：SCM)

サプライチェーンマネジメントとは，従来の企業活動を生産や流通の活動中心ではなく，顧客への供給を目的とした効率的なシステムとしてフローの視点から業務を再構築することである．

小売業は店舗に在庫を置き，商品を消費者に販売する．商品の補充は，商品の売れ行きにより卸に発注する．一方，卸では，小売から注文を受け，自社の在庫から商品を出荷し，出荷分をメーカーに発注する．メーカーでは，卸から受けた注文動向を見ながら商品を用意する．このような流通過程をみると，多くの企業が受注と発注のサイクルでつながっており，各活動が鎖のようになっていることから，これをサプライチェーンと呼ぶ．

SCMを推進するためには，資材の調達から在庫管理，製品の配送に至る事業活動の川上から川下までをコンピュータを使って総合的に管理する必要があり，物流システムの近代化も不可欠である．その結果として余分な在庫などを削減し，コストを引き下げる効果が生まれる．

5.6.3　サプライチェーンプランニング

サプライチェーンプランニング(Supply Chain Planning：SCP)では，販売促進などによって市場の反応をみて，需要予測と結びつけるようにする．デマンドに目を向ける意味は，ある程度の需要をコントロールする仕組みを持つという考え方に立脚している．市場変化の兆候があるときには，変化の仮説を立案し，実験で仮説を確かめる．具体的には仮説を組み込んだ予測モデルをつくり，結果を検証する．このような活動が行えるようになった理由は，POSデータのリアルタイム集計により，現場での実験結果が迅速に得られるようになったからである．

SCPは，SCMのための需給業務の基本となるシームレスで統合された計画業務プロセスである(図表5.12)．SCPシステムの導入のねらいは，計画精度の向上，計画サイクルタイムの短縮，有効で迅速な意思決定，低コスト・オペレーションであり，システマチックに運用できるシステムを短期間で構築することである．

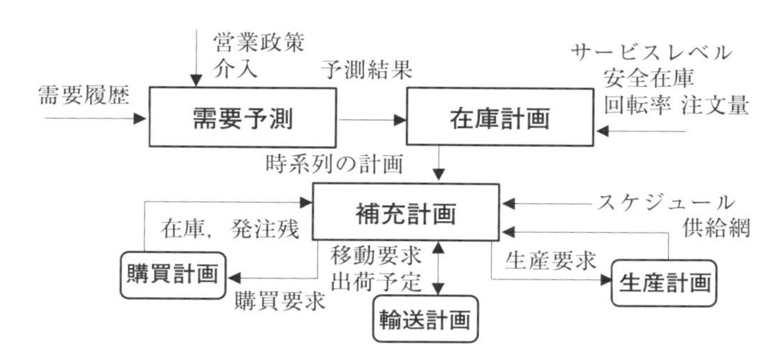

図表 5.12 サプライチェーンプランニング

5.6.4 カテゴリーマネジメント

カテゴリーマネジメント(CM)の基本的な考え方は，顧客に合わせた商品の取込みである．店舗で消費者の購買目的に合わせて，前もって店側で商品を絞り込んでおけば，消費者は，購入に必要な時間も節約でき，要求に合った商品を探し出すことができる．つまり，消費者の購入時の利便性を高めることができる．この商品の絞り込みをカテゴリという概念で行うのであり，店舗はカテゴリの集約であり，各カテゴリは商品の集まりとして定義される．カテゴリ内の商品の品揃えに関してスペース・マネジメントを原点とし，プロモーションを含む拡張したコンセプトとしてCMが位置づけされる．

5.6.5 ECR 戦略

ECR(Efficient Consumer Response)とは，米国の食品や日用品などの消費財を対象にし，サプライチェーンによって低コストで消費者に価値を届ける活動である．衣料品業界では，QR(Quick Response)という活動がある．

効率的な品揃え(Efficient Store Assortment)は，効率的な商品の改廃と店舗・棚のスペースを最大限に利用し，効率的な補充(Efficient Replenishment)は，EDIを利用し，メーカー・卸・小売間を同期化したシステムで連携する．効率的なプロモーション(Efficient Promotion)は，メーカー・卸によるプロモーションに焦点をあて，押し込みによる仮需要の発生を防ぐ．商品導入(Efficient Product Introduction)は，メーカー・卸・小売が協力して低コストの良品を開発する．そして，企業間取引きでは効率的な決済を行うというものである．

5.6.6　VMI（Vender Management Inventory）

VMIとは，メーカーまたは卸の供給者側が，販売先である小売店の在庫を管理し，自動補充を図ることにより物流効率化をめざす仕組みである．製配販が協力して消費者の価値を高め，最終的な消費を増やさない限り，長期的な繁栄はあり得ないというECRの理念が含まれている．一般的に取扱商品のロットが小さく，物流効率が低いとされる日用雑貨品などで行われる．商品回転率が低いので，きめ細かなマーチャンダイジングやフォローが必要である．店舗の売上情報と需要予測，それに伴う棚のレイアウトとフェイシングが必要である．売上情報をもとに，商品補充は卸などの中間流通業者が担当し，製造及び新商品の開発は製造業者が担当し，顧客，市場の情報収集および顧客の購入環境の整備は小売業者が担当する．

VMIは，自動補充による人件費や経費の削減，在庫削減によるROIやキャッシュフロー向上などに結びつく．また納入業者が相手先の在庫に責任を持って補充することにより，チャネル全体の効率化を進めることができる．

5.6.7　CPFR（Collaborative Planning Forecasting Replenishment）

CPFRとは，協力しあいながら，計画を立て，予測を行い，商品の補充を行う活動のことである．CPFRは，ECR（5.6.5項を参照）を一層進化させたものであり，企業間の関係構築とサプライチェーンの業務を改善するものである．CPFRは，POSデータから出発し，需要と供給を1つのプロセスに統合するための試みであり，サプライチェーン全体に大きな効果をもたらす．

CPFRは，まず取引企業間で合意を形成し，カテゴリーマネジメントの原則に基づいた市場別の計画を立案することから始まる．成功への条件は，取引きを行う企業の双方がプロセスと計画の共有に合意することである．計画とは何を販売していくのか，どこの市場で，どの時期にどのようなマーチャンダイジングと販売促進を行うかをまとめたものである．計画は各企業の既存のシステムを使って運用できるが，お互いがアクセスするためには，VICS公認の通信規格を利用する必要がある．製造業者と流通業者などのパートナーが，需要と供給の間の差異を小さくしていくために，計画を調整するためのビジネスプロセス（連携，調整，協調）を共有する．①商品計画では，ジョイントビジネスプランとして事前の同意を確立する．②需要予測では，売上予測を作成し，例外事項の確認と解決を行う．③商品補充では，発注予測を作成し，例外事項の確認と解決を行い，発注情報を生成する．

各企業は，設定した数値の範囲内で計画を調整できる．あらかじめ決めた範囲を超えた計画の修正には，相手企業の承認が必要であり，ときには交渉になる．あらかじめ決めた範囲を超えて予測の違いが発生したら，そのアイテムの情報が記述されたメールを担当者に自動で送信し，お互いがコラボレーションして修正する．

計画は，需要予測をするにあたり重要な情報となる．CPFR の計画が始まると，予測モデルを通じて高い精度の予測が行われる．その予測が確定され，それが自動的に出荷計画となる．したがって得意先で行われる発注処理は不要になる．販売促進の時期や供給上の制約といった非常に重要な情報を捉えることにより，サプライチェーン全体の在庫日数を削減し，無意味な例外処理を省くことができる．日本では，ASKUL の例が有名である．

5.6.8 サードパーティ・ロジスティクス

サードパーティ・ロジスティクス(Third Party Logistics：3PL)とは，温度帯別供配センターを設置し，複数チェーンや店舗に対し，複数カテゴリの一括物流を実現するとともに，供配センターを運用管理する物流統括情報センターを設置し，情報化した SCP によってチャネル管理を実現することである．

各チェーンから依頼されたアイテムを供配センターに在庫し，店舗からの要求に基づき商品を供給する．3PL は，店舗の効率的な運用を支える物流実務を担当する．またメーカーと共同で需要予測を行い，メーカーの効率的な生産活

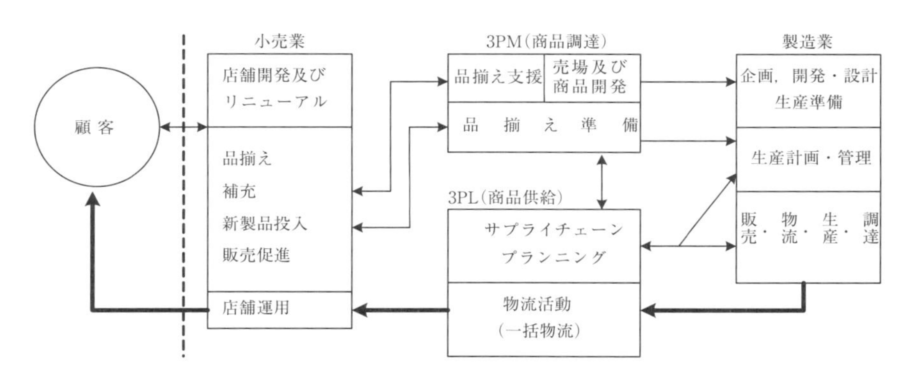

図表 5.13　3PL ／ 3PM

動を支援することも行う．サードパーティ・マーチャンダイジング(3rd Party Merchandising：3PM)とは，複数のチェーンに対して，自社の得意分野の品揃え機能を果たすことである．各チェーンの売場や棚に対して品揃えを提案するときには，売場を活性化するための具体策を提案できる幅広い知恵が求められる(図表5.13)．

5.6.9　インターネットビジネス

インターネットビジネスでは，顧客に届ける商品が現物である場合と，現物でない場合では，運営する業務の形態が異なってくる．前者において顧客は商行為をモノ価値として認識し，供給側は在庫管理と物流機能が必須になる(図表5.14)．一般にインターネットビジネスで取り扱われる現物には，生活必需品や耐久消費財などであるが，試用や試着までをビジネスに取り込んだ結果，ネット販売では難しいとされてきた靴や洋服までに取扱いアイテムが拡大している．後者においては，顧客は情報価値として認識し，供給側は商品の受注から決済までをwebを介して処理できる．電子書籍(雑誌を含む)や音楽のダウンロードサービスなどである．また，情報をモノに転写し，流通させているサービスは，モノを介さない事業も創出することができる．例えば，株式売買，保険契約，ホテルや航空券の予約，音楽ソフト，パソコンソフト，書籍，雑誌，新聞などである．

モノを扱う場合には，扱う商材の大きさや重さによって，倉庫やマテハンの規模が決まる．物流機能については実需要に応じて，配送契約に基づく物流，宅急便，郵便などが使われる．またアフターサービスなどの機能を実現するために店舗との共存が必要な場合もある．製造企業では，インターネットで個別注文を受け，複数の仕様選択や，顧客の要望に応じたカスタマイズ，さらには試作品など1つからでも注文が可能なビジネスに拡大している．

図表5.14　インターネットビジネス

製品	価値基準	提供方法	顧客との接点
モノを扱う	モノ価値	物流・店舗	店舗/Web
モノを扱わない	経験価値	予約・手配	Web/店舗
モノを扱わない	情報価値	ダウンロード	Web

インターネットビジネスで特徴的な点として，ロングテール理論がある．店舗における一般の商品販売では2割の商品で8割の利益を稼ぐと言われており，アイテム改廃が重要になる．一方，モノを扱わない商品のネット販売では，膨大な商品を低コストで扱うことができるため，多品種少量販売でも利益を獲得することが可能である．この他，フリービジネス，課金ビジネス，仮想通貨の利用，アフェリエイトやSNS(Social Networking Service)によるビジネスなど，新しいビジネスが急速に拡大している．

5.6.10　情報の収集，分析と利用

(1)　情報の収集

収集する情報と収集の時点を決めるときには，ビジネス活動における適切な管理ポイントを見定める必要がある．POSによる情報は，販売による対価を得る商行為の中で発生し，販売時点の情報である．次に考慮すべき点は，適切な情報を正確に収集することである．これは，収集すべき情報と明確な運用ルールの決定，それらによる正しい情報収集活動の結果に基づいている．

例えば，商品コードと現物を常に一致させる，アイテム改廃があっても同系列商品の売上追跡ができるようにアイテムを登録する，通常販売と特売を識別できるようにするなどである．適切な情報を収集できなければ，それによって誤った解釈や判断をする懸念があり，その後の活動の価値も失ってしまう．もう1つの蓄積すべき情報として，人と人との情報交換から発生する情報がある．POSデータだけでは，具体的な消費者の声までわからない．アンケートや口コミなどの情報も収集することによって顧客の求める商材の準備に結びつく．

(2)　情報の分析

基幹システムで収集された売上データは，分析用のデータとしてデータウェアハウスなどに格納される．分析ツールには，個店や小売本部におけるPOSデータの分析システム，サプライチェーンプランニングによる需要予測システム(単品予測やカテゴリ予測，季節変動の考慮)，データマイニングやテキストマイニングなどがある．

POSデータによる分析としてRFM分析とは，R(Recency：直近購入日)，F(Frequency：購入頻度)，M(Monetary：購入金額)の3つの視点により，優良顧客とその可能性がある顧客などにセグメントを分け，それぞれのセグメン

トに合致するプロモーションを実施することである．

また，テキストマイニングとは，アンケート調査によって得られた顧客の声がテキストデータとして蓄積されているデータベースから，多く出現する言葉を抽出し，ランキングしたり，それらの近似的な関係を調べたりすることである．

データマイニングやテキストマイニングのためのツールは，仮説検証のアプローチと異なり，主に意味発見のプロセスを支援するものである．最近では，コールセンターにおける顧客との会話を自動音声認識技術によりテキスト化し，これをテキストマイニングにより分析して商品の使用感や問題点を抽出し，商品の改良に結びつける例や，口コミ，ブログ，ツイッターなどのソーシャルネットワーク関連のデータを収集し，競合製品比較などを行うことが増えてきている．

(3)　情報の利用

分析の結果を適切に利用し，効果的な商材の準備や業務改善に結びつけていくことが重要である．例えば得意先との取引関係によっては，死に筋商品を簡単に排除できないときがある．このような場合には，データ分析の結果が実務に反映しにくい状況になっている．アイテム改廃の仕組みが確立されていない場合も，分析結果を有効に活用することができない．仮説検証のサイクルを回す組織体制が，確立されていない場合もある．

このため，情報利用の目的を明確にし，情報収集から利用までのプロセスが一貫して流れるようにするための環境を整備することが重要である．さらに，情報の利用によって見込まれる収益を推定し，その範囲内で情報の収集と分析を行うことが重要である．

5.7　大規模データの分析

5.7.1　データウェアハウス

データウェアハウス（Data Warehouse：DWH）とは，企業内外の既存のシステムや基幹業務システムに蓄積された大量のデータの中から抽出した情報を，戦略的な意思決定に役立てるために利用する情報システムをさす．

データウェアハウスは，基幹業務システムで管理しているデータを時系列で倉庫（Warehouse）に格納し，そのデータを情報または，知識へと加工し，企業活動の効率化・差別化を図るためのさまざまな意思決定を支援する総合的な体系である．この概念は，1990年にW.H.Inmonにより提唱された．データウェアハウスおよびデータマート(Data Mart：DM)を適切に配置することで，基幹データからさまざまなエンドユーザ層での情報活用および，意思決定支援に至るデータの整理および，管理をよりシステマチックに行う仕組みである．

データ抽出元である基幹データとデータウェアハウスとは完全に分離されることが求められる．蓄積された膨大な企業データは，OLAPツールおよび，Data Miningツールなどを利用して企業の情報活用及び，意思決定に利用される．OLAP(Online Analytical Processing：オンライン分析処理)とは，E.F.Coddによって1993年に提唱された．多次元モデルの考え方による，企業活動のための効果的かつスピーディなデータ分析プロセスである．

5.7.2　データマイニング

データマイニング(Data Mining)の「マイニング」とは，鉱山から鉱石を掘り出すという意味の単語である．データマイニングとは，データウェアハウスに格納された膨大な企業データの中から，数学的手法を利用して隠れた法則や相関関係を探し出すプロセスである．CRM(Customer Relationship Management)やOne to Oneマーケティングの中核技術である．データから知識を抽出するシステムプロセスは，KDD(Knowledge Discovery in Database)と呼ばれる．データマイニングシステムの特徴は，KDDの各フェーズで取り扱うデータ量が非常に膨大であり，フェーズ間を流れるデータ量も膨大になるため，マイニングエンジンには高速化技術が必要なことである．

データマイニング処理においては，その目的に応じて，統計分野，人工知能分野および，データベース分野など複数の分野の技術が利用されている．これらの技術は，大きく分けてClassification(判別分析)，Association(相関分析)，Clustering(クラスタ分析)の3つに分類できる．

(1)　クラシフィケーション(Classification：判別分析)

クラシフィケーションとは，データを既知のグループへ特徴付けする手法である．また，この特徴(ルール)に基づく未知のグループへの判別も可能である(図表5.15)．クラシフィケーションの技術は，人工知能の分野では教師付き学習，統計の分野では回帰分析や判別分析と呼ばれ，大量のレコードのそれぞれ

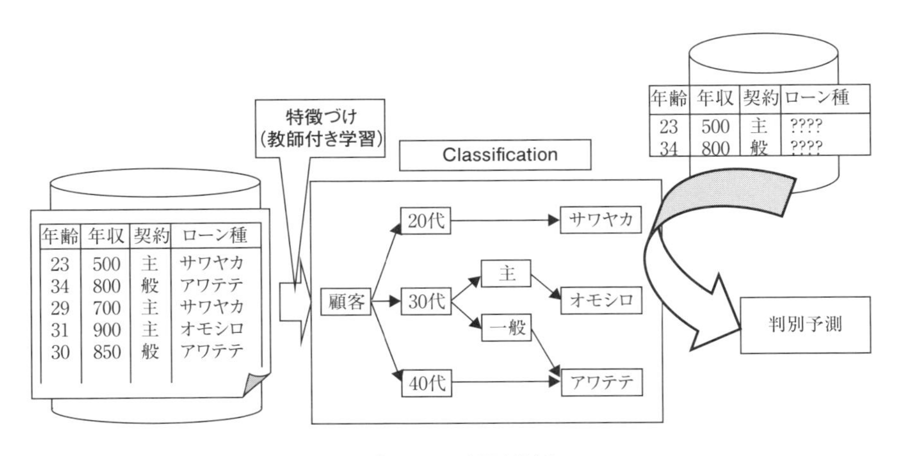

図表 5.15　判別分析

に対して，そのレコードが属する「クラス」があらかじめ与えられている場合に，各レコードの属性からそのレコードのクラスを予測する関数，あるいは，プロファイルを生成することができる．この関数を用いて，クラスが不明のレコードが新規に入力された場合に，そのレコードのクラスを予測することができる．これを記憶ベース推論(Memory-Based Reasoning：MBR)という．この中に含まれる技術としては，決定木，ニューラルネットワーク，CBR，回帰分析などがある．

このように，クラシフィケーションではデータの特徴づけに決定木(Decision Tree)を利用する．決定木を生成するアルゴリズムには，CART(Classification and Regression Trees)，CHAID(Chi-squared Automatic Interaction Detection)，C4.5，C5.0 などがある．決定木を用いる利点としては，誰でも理解できる特徴(ルール)を生成してくれることがあげられる．

(2)　アソシエーション(Association：相関関係)

関連性の高いデータの組合せパターンを発見する手法である．同時に生起するイベント群で表されるトランザクションの集合から，イベント間に潜在する相関関係(イベント A はイベント B を伴うことが多いなど)を抽出することができる手法である(図表 5.16)．この技術は，ターゲット変数(予測する対象の変数)を特定しない判別分析と考えることもできる．

アソシエーションの代表的な事例としては，マーケットバスケット分析があ

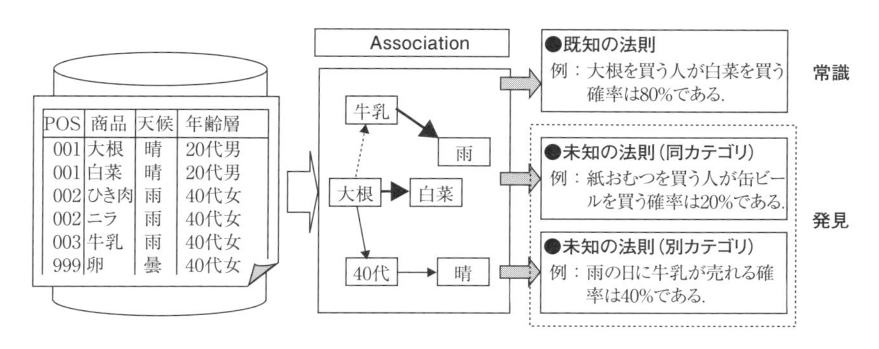

図表 5.16　相関分析

る．マーケットバスケット分析とは，どの製品がどの製品と一緒に買われる可能性が高いかを分析することである．小売業である米国ウォルマート社がテラオーダのPOSデータを分析した結果，金曜の夜には紙オムツと缶ビールを一緒に買うサラリーマンが多いことを発見し，紙オムツと缶ビールの売り場を近くに配置することで売上が増加したという有名な事例がある．このように，思いがけないデータの相関関係を見出し得る手法がアソシエーションである．

マーケットバスケット分析では結果が単純に理解でき，分析結果に対する結果はアソシエーションルールとして知識化され，実用的なアクションがとりやすいことが特徴である．多くの小売業などで店舗レイアウト，特別陳列対象商品の選定及び，クーポン発行時期などの意思決定に役立っている．

(3)　クラスタリング(Clustering：クラスター分析)

クラスタリングは，類似したデータが同じグループになるように分類する手法である(図表5.17)．大量のレコードのその属性によって分類(Clustering)し，傾向が近いものをクラスター(固まり)としてまとめることで，一見ランダムに見えるデータ群の中に意味のある構造を発見できる手法をさす．クラスタリングに含まれる技術としては，統計分野における階層的クラスタリング手法(グループ平均法やウォード法など)や，人工知能分野におけるベクトル量子化やSOMなどがある．クラスタリングは，分類基準のわからないデータを，その類似性(データ間の距離の近さ)から自動的に仕分けする方法である．また，それぞれの分類への特徴づけはクラシフィケーション(Classification)手法を利用する．

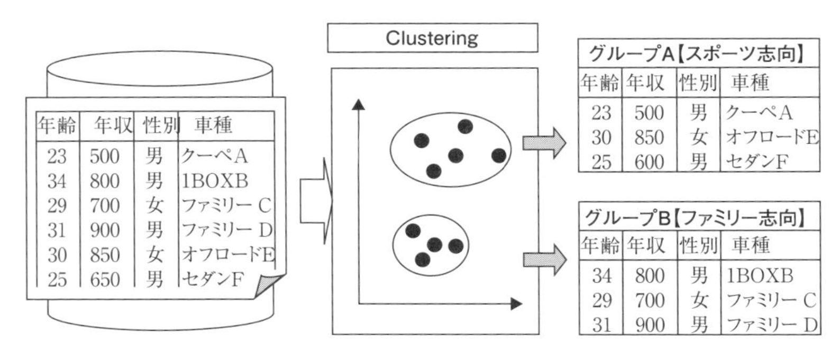

図表 5.17　クラスター分析

クラスタリングはデータベースマーケティングにおけるデータ選別方法として利用されることもある．例えば，ダイレクトメールのターゲット顧客を決める手段として特定のクラスターに属する顧客を対象にするなどの方法が実際に行われている．

5.7.3　データ分析の今後について

従来の DWH を介したデータマイニングによる分析では，業務処理によって得られた DB 上のデータや，時系列データなどの構造化データを対象としている．最近では，web 上のデータから得られるテキスト，画像，音声，動画などの非構造化データが大量に発生するようになっており，XML などを利用した半構造化データの利用への期待も高まっている．これらについては，複数のサーバに分散しているデータを並列処理する Hadoop などを中心とした技術で取り扱うとともに，非構造化データを何らかの意味づけをして DWH に読み込み，従来の OLAP，データマイニング，テキストマイニングを使う道筋の確立が期待されている．いずれにしても，製造企業のデータについては，IoT の流れや AI への期待によって，さまざまなセンサーから品質データの収集・蓄積が進み，データの大規模化が想定される．さらに，製品の企画，流通については，コールセンターに蓄積された大量の音声データ(音声自動認識[14]によって得られたテキストデータ)や，web などを介して得られる大規模データに対する分析への期待がより一層高まるものと考えられる．

参考文献

第１章

［1］Ansoff, H. I.：*Corporate Strategy*, McGraw-Hill, 1965.

［2］Andrews, K. R.,：*The concept of Corporate Strategy*, Dow-Joes Irwin, 1971.

［3］Mintzberg, H.,"Crafting Strategy", HBR,July-Aug.1987.

［4］Mintzberg, H., Ahlstrand, B. and Lampel, J. B.：*Strategy Safari：A Guided Tour Through The Wilds of Strategic Management*, The Free press,1998, 齋藤嘉則監訳，木村充，奥沢明美，山口あけも 訳：『戦略サファリ』，東洋経済出版社，1999 年.

［5］Prahalad, C. K. & G. Hamel："The Core Competence of the Corporation", *HBR*, May-June,1990.

［6］Porter, M. E.："What is Strategy", *HBR*, Nov.-Dec. 1996.

［7］M. E. ポーター著，土岐坤，中辻万治，服部照夫 訳：『競争の戦略』，ダイヤモンド社，1982 年.

［8］福澤英弘，小川康：『不確実性分析実践講座』，ファーストプレス，2009 年.

［9］Robert S. Kaplan, David P. Norton：*The Balanced Scorecard：Translating Strategy into Action*, Harvard Business School Press，1996.

［10］Robert S. Kaplan, David P. Norton 著，櫻井通晴 訳：『キャプランとノートンの戦略バランスト・スコアカード』，東洋経済新報社，2001 年.

［11］ロバート・S・キャプラン，デビッド・P・ノートン著，櫻井通晴，伊藤和憲，長谷川惠一 訳：『戦略マップ バランスト・スコアカードの新・戦略実行フレームワーク』，ランダムハウス講談社，2005 年.

［12］Kotler, P.：*Marketing Insights from A to Z：80 Concepts Every Manager Needs to Know*，Wiley，2003，恩蔵直人 監訳，大川修二 訳：『コトラーのマーケティングコンセプト』，東洋経済新報社，2003 年.

［13］宮原義友：『販売管理演習』，同文舘出版，1986 年.

［14］Abell, D. F.：*Defining The Business：The Starting Point of Strategic Planning*, Prentice-Hall (1980), 石井淳蔵 訳：『事業の定義』，千倉書房，1984 年.

［15］加護野忠男：『「競争優位」のシステム－事業戦略の静かな革命』，PHP 研究所，1999 年.

［16］加護野忠男：「新しい事業システムの設計思想と情報の有効利用」，『国民経済雑誌』，192(6)，pp. 19-33，神戸大学経済経営学会，2005 年.

[17] P. F. ドラッカー著，上田惇生 訳：『テクノロジストの条件』，ダイヤモンド社，2005 年.
[18] B. Joseph Pine Ⅱ：*Mass Customization：The New frontier in Business Competiion*, Harvard Business School Press, 1992，坂野友昭，江夏健一，IBI 国際ビジネス研究センター 翻訳：『マス・カスタマイゼーション革命－リエンジニアリングが目指す革新的経営』，日本能率協会マネジメントセンター，1994 年.
[19] マイケル ハマー，ジェイムズ チャンピー著，野中 郁次郎 訳：『リエンジニアリング革命－企業を根本から変える業務革新』，日本経済新聞社，1993 年.
[20] Thomas Davenport：*Process innovation：reengineering work through information technology*, Harvard Business Press, 2013 年.
[21] 寺本義也 監修，山本尚利 著：『MOT アドバンスト技術戦略』，日本能率協会マネジメントセンター，2003 年.
[22] M. E. ポーター 著，土岐坤，中辻万治，小野寺武夫 訳：『競争優位の戦略－いかに高業績を持続させるか』，ダイヤモンド社，1985 年.
[23] ジョージ・デイ，ポール・シューメーカー編，小林陽太郎 監訳：『ウォートンスクールの次世代テクノロジー・マネジメント』，東洋経済新報社，2001 年.
[24] 池田正明：『企業価値を高める FCF マネジメント』，中央経済社，2002 年.

第 2 章

[1] 平野健次，伝田晴久，城戸俊二，曽我部旭弘：「CALS/EC 教育訓練カリキュラムの提案と実践の試み」，CALS Japan'96, Tokyo, November 1996, pp. 263-274.
[2] 漆原次郎：『日産 驚異の会議 改革の 10 年が生み落としたノウハウ』，東洋経済新報社，2011 年.
[3] 國領二郎：『オープン・アーキテクチャ戦略－ネットワーク時代の協働モデル』，ダイヤモンド社，1999 年.
[4] 土屋裕 監修，産能大学 VE 研究グループ 著：『新・VE の基本－価値分析の考え方と実践プロセス』，産能大出版部，1998 年.
[5] 加藤豊：『原価企画－戦略的コストマネジメント』，日本経済新聞社，1993 年.
[6] 赤尾洋二：『品質展開入門』，日科技連出版社，1990 年.
[7] 高橋誠：『新編 創造力事典』，日科技連出版社，2002 年.
[8] ダレル・マン 著，中川徹 監訳：『TRIZ 実践と効用　体系的技術革新』，創造開発イニシアチブ，2004 年.
[9] 田口玄一，横山巽子 著：『ベーシック品質工学へのとびら』，日本規格協会，

2007年.
［10］塩見弘：『信頼性入門』，日科技連出版社，1968年.
［11］大津亘：『中小企業に役立つFMEA実践ガイド』，日本規格協会，2009年.
［12］圓川隆夫，城戸俊二，伝田晴久：『CALSの実像』，日経BP社，1995年.
［13］久次昌彦：『図解でわかるPLMシステムの構築と導入』，日本実業出版社，2007年.
［14］圓川隆夫：『現代オペレーションズマネジメント』，朝倉書店，2017年.
［15］エリヤフ・ゴールドラット 著，三本木亮 訳：『ザ・ゴール－企業の究極の目的とは何か』，ダイヤモンド社，2001年.
［16］西岡靖之：『APS』，日本プラントメンテナンス協会，2001年.
［17］人見勝人：『入門編 生産システム工学 第5版』，共立出版，2011年.
［18］吉澤正，茅陽一：『ISO 14000環境マネジメント便覧』，日本規格協会，1999年.

第3章

［1］村松林太郎：『生産管理の基礎』，国元書房，1979年.
［2］坪根斉：『生産管理システム入門』，工学図書，2000年.
［3］大野耐一：『トヨタ生産方式－脱規模の経営をめざして－』，ダイヤモンド社，1978年.
［4］門田安弘：『トヨタシステム』，講談社，1985年.
［5］門田安弘：『トヨタ プロダクションシステム－その理論と体系－』，ダイヤモンド社，2006年.
［6］田中正知：『考えるトヨタの現場』，ビジネス社，2005年.
［7］横溝克己，河原巖，小松原明哲，三浦達司：『あたらしいワーク・スタディ』，技報堂出版，1987年.
［8］山井順明：『レーティングによる新「標準時間」活用ガイド－OTRS-MPEGデモ版CD-ROM付き－』，日本プラントメンテナンス協会，2003年.
［9］櫻井通晴：『間接費の管理－ABC/ABMによる効果性重視の経営－』，中央経済社，1998年.
［10］千住鎮雄，伏見多美雄：『新版 経済性工学の基礎－意思決定のための経済性分析－』，日本能率協会マネジメントセンター，1994年.
［11］伊藤和憲，松村広志，香取徹，渡辺康夫：『キャッシュフロー管理会計』，中央経済社，1999年.
［12］日本科学技術連盟：『デミング賞のしおり』，2016年.

［13］中條武志：『ISO 9000の知識　第3版』，日本経済新聞出版社，2010年.
［14］日本経営品質賞委員会：『日本経営品質賞アセスメント基準書 2017年度版』，2017年.
［15］日本科学技術連盟：『日本品質奨励賞のしおり 2017年度版』，2000年.
［16］棟近雅彦 監修，野澤昌弘 著：『JUSE-StatWorksによる多変量解析入門』，日科技連出版社，2012年.
［17］中條武志，須田晋介：『ISO 9001：2015 新旧規格の対照と解説』，日本規格協会，2015年.
［18］中嶋清一，白勢国男(監修)，日本プラントメンテナンス協会(編集)：『生産革新のための新・TPM展開プログラム〈加工組立編〉』，JIPMソリューション，1992年.
［19］関根憲一，新井啓介：『ゼロ段取り改善手順』，日刊工業新聞社，1987年.
［20］Project Management Institute：『プロジェクトマネジメント知識体系ガイド(PMBOKガイド)第5版』，PMI，2014年.

第4章

［1］D. J. バワーソクス，D. J. クロス，M.B. クーパー 著，松浦春樹，島津誠 訳：『サプライチェーン・ロジスティクス』，朝倉書店，2004年.
［2］チャールズH. ファイン 著，小幡照雄 訳：『サプライチェーン・デザイン』，日経BP社，1999年.
［3］四倉幹夫：『エンジニアリング・チェーン・マネジメント』，翔泳社，2004年.
［4］稲垣公夫：『EMS戦略　企業価値を高める製造アウトソーシング』，ダイヤモンド社，2001年.
［5］手島歩三，平野健次 編著，大塚修彬，柿谷常彰 著：『ものづくりマネジメントと情報技術』，静岡学術出版，2014年.
［6］平野健次，手島歩三，横山真弘：「仕様未定による先行手配に関する研究」，『生産管理：日本生産管理学会論文誌』，2016年8月.
［7］W. D. ケルトン，D.T. スタロック，R. P. サドウスキー 著，高桑宗右ヱ門，野村淳一 翻訳：『シミュレーション－ARENA活用した総合的アプローチ』，コロナ社，2007年.
［8］平野健次，手島歩三：「生産マネジメントの非計画的アプローチ」，日本生産管理学会第45回全国大会講演論文集(181-184)，2017年3月.
［9］Orlikowski, W. J. and Hofman, J. D.：“An Improvisational Model for Change

Management：The Case of Groupware Technologies", *Sloan Management Review*, pp. 11-21, 1997.

[10] Abell, D. F.：*Defining The Business：The Starting Point of Strategic Planning*, Prentice-Hall, 1980. 石井淳蔵 訳：『事業の定義』，千倉書房，1984 年.

第5章

[1] 高橋誠：『ブレインライティング 短時間で大量のアイデアを叩き出す「沈黙の発想会議」』，東洋経済新報社，2007 年.

[2] 川喜田二郎：『KJ 法－渾沌をして語らしめる』，中央公論社，1986 年.

[3] 中山正和：『NM 法のすべて 増補版－アイデア生成の理論と実践的方法』，産能大出版部，1980 年.

[4] Stein, R. E.：*Re-engineering the Manufacturing System Applying the Theory of Constraints*, Marcel Dekker, 1996.

[5] H. ウィリアム・デトマー 著，内山春幸，中井洋子 訳：『ゴールドラット博士の論理思考プロセス』，同文館，2006 年.

[6] Thomas Davenport：*Process innovation：reengineering work through information technology*, Harvard Business Press, 2013.

[7] Keen, P.G., Knapp, E. M.：*Business Processes*, Harvard Business School Press, 1996.

[8] 戸田保一，飯島純一 編：『ビジネスプロセスモデリング』，日科技連出版社，2000 年.

[9] Bruce Silver 著，岩田アキラ 監修・翻訳，山原雅人 翻訳：『BPMN メソッド & スタイル 第2版 BPMN 実装者向けガイド付き』，日本ビジネスプロセス・マネジメント協会，2013 年.

[10] IIBA：『BABOK －ビジネスアナリシス知識体系ガイド version3.0』，IIBA 日本支部，2015 年.

[11] 野中郁次郎，竹内弘高：『知識創造企業』，東洋経済新報社，1996 年.

[12] 平野健次，梅室博行：「ビジネスシステムトランスフォーメーションモデルとその利用」，『日本経営工学会論文誌』，Vol. 54, No. 4, 2003 年.

[13] 曽我部旭弘，平野健次：「配販同盟による業務プロセス統合とデマンドサプライチェーン化」，『CALS Japan'98』，November 1998, pp. 439-446.

[14] アドバンストメディア：議事録作成支援システム AmiVoice(2013).

索　引

【さ行】

【た行】

【な行】

【は行】

【ま行】

【や行】

【ら行】

【わ行】

著者紹介
平野　健次（ひらの　けんじ）
厚生労働省所管
職業能力開発総合大学校 能力開発院 生産管理系 教授

1990年より高度ポリテクセンター生産管理・流通系で在職者の教育訓練に従事.
2003年，東京工業大学社会理工学研究科博士後期課程修了.
2006年より職業能力開発総合大学校に勤務．教育研究のほか，産業界では生産現場を起点とする「総合的ものづくり人材」の育成に従事.
主な著書：『機械用語大辞典』（共著，日刊工業新聞社），『総合的ものづくり人材教育訓練コース開発に係わる調査・研究』，『総合的ものづくり人材教育訓練コース事例』（能力開発研究センター），『ものづくりマネジメントと情報技術』（共著，静岡学術出版），『製造業のための統計の教科書』（共著，日刊工業新聞社）など.

入門 生産マネジメント
－その理論と実際－

2018年1月22日　第1刷発行
2025年2月25日　第6刷発行

著　者　平　野　健　次
発行人　戸　羽　節　文

検印省略

発行所　株式会社 日科技連出版社
〒151－0051　東京都渋谷区千駄ヶ谷1－7－4
渡貫ビル
電話　03－6457－7875

Printed in Japan

印刷・製本　㈱金精社

ISBN 978－4－8171－9611－8
http://www.juse-p.co.jp/